中等职业教育教学改革创新规划教材

走 进 机 械

主　编　孙秀梅
副主编　赵　斌　周长秀
参　编　信玉芬　韩　斐　王传霞

U0299088

机 械 工 业 出 版 社

本书依据教育部颁布的"中等职业学校加工制造类专业教学大纲"，参照有关国家职业技能标准和行业规范，结合中等职业教育的教学实际编写而成。

本书分为机械概论、有趣的机构、常见的机械传动、机械是如何制造的、先进制造技术和机械人的精神共6个单元。各单元每节都有"教学情景"环节，引导学生主动学习，每节学习结束均安排"知识运用—实践动手"环节，让学生学以致用。

本书可作为中等职业学校加工制造类专业的通用教材，也可作为机械制造与机械加工从业人员的岗位培训教材及自学用书。

图书在版编目（CIP）数据

走进机械/孙秀梅主编. —北京：机械工业出版社，2019.6
中等职业教育教学改革创新规划教材
ISBN 978-7-111-62637-4

Ⅰ.①走… Ⅱ.①孙… Ⅲ.①机械学-中等专业学校-教材
Ⅳ.①TH11

中国版本图书馆 CIP 数据核字（2019）第 082037 号

机械工业出版社（北京市百万庄大街22号　邮政编码100037）
策划编辑：汪光灿　责任编辑：汪光灿　黎　艳
责任校对：李　杉　封面设计：陈　沛
责任印制：张　博
北京新华印刷有限公司印刷
2019 年 7 月第 1 版第 1 次印刷
184mm×260mm · 6.5 印张 · 158 千字
0001—2000 册
标准书号：ISBN 978-7-111-62637-4
定价：28.00 元

电话服务　　　　　　　　　网络服务
客服电话：010-88361066　　机 工 官 网：www.cmpbook.com
　　　　　010-88379833　　机 工 官 博：weibo.com/cmp1952
　　　　　010-68326294　　金 书 网：www.golden-book.com
封底无防伪标均为盗版　机工教育服务网：www.cmpedu.com

前　言

本书是依据教育部颁布的"中等职业学校加工制造类专业教学大纲"，参照人力资源和社会保障部制订的国家职业技能标准，根据《国家中长期教育改革和发展规划纲要（2010—2020年)》的精神，结合现阶段人才培养的指导思想和最新的专业教学计划进行编写的。

本书可供中等职业学校加工制造类等7个专业大类、46个专业（170余个工种）作为专业入门教程使用，也可作为机械加工技术人员和机械技术爱好者了解机械的科普读物，为机械从业者以后更深入地发展提供知识储备。

本书结合中职学生特点，设计思路体现了以下几点：

1. 以专业教学计划培养目标为依据，以岗位需求为基本出发点，以学生发展为本位设计课程内容。在课程实施过程中，充分利用课程特征，加大学生工程体验和情感体验的教学设计，激发学生的主体意识和学习兴趣。

2. 各单元每节的"学习目标"，便于教师授课和学生自学；每节的"教学情景"，便于引导学生顺利进入课程学习；每节的"知识运用—实践动手"，便于学生学以致用。

3. 教材编排生动活泼，版式新颖。作为加工制造类专业通用教材，在内容编写中减少了单纯的文字性描述，辅以大量的图表进行说明，图片的选择尽量多选取实物图、操作图和步骤图，达到图文并茂的效果，方便学生理解。

4. 实例的选择贴近生产、贴近生活，以大量生产生活中的机械产品应用实例吸引和提高学生的学习兴趣，从而引导学生了解机械、喜欢机械。

全书共分为6个单元，建议学时为40学时，学时分配与教学建议详见下表。

单元名称	建议学时	活动设计与场景建议
第一单元 机械概论	4	1. 多媒体教室补充机械应用领域及应用现场的情况 2. 多媒体教室补充各种机械加工过程的震撼效果与魅力
第二单元 有趣的机构	8	1. 多媒体教室补充相关知识，以及各种机构运动的视频 2. 多媒体教室补充各种机构在现实机械产品中的应用及运动实现的视频 3. 学生制作的产品的展示及相互交流学习
第三单元 常见的机械传动	14	1. 多媒体教室补充相关知识，以及各种机械传动在现实机械产品中的应用及运动实现的视频 2. 学生制作的产品的展示及相互交流学习
第四单元 机械是如何制造的	6	1. 多媒体教室补充相关知识，播放机器制造的相关视频 2. 实习车间参观各种制造加工方法 3. 选择一种加工制造方法，加工一种产品
第五单元 先进制造技术	4	1. 多媒体教室演示各种先进制造技术的应用 2. 学生交流自己感兴趣的先进制造技术并说出原因
第六单元 机械人的精神	4	1. 多媒体教室播放《大国工匠》的采访记录 2. 学生交流自己对机械从业者的认识 3. 学生分析"工业4.0"项目与"中国制造2025战略"对人才的需求

本书由济南电子机械工程学校孙秀梅担任主编，山东冶金技师学院赵斌、山东劳动职业技术学院周长秀担任副主编，参与编写的还有济南市历城职业中等专业学校信玉芬、济南电子机械工程学校韩斐、章丘中等职业学校王传霞。全书由孙秀梅统稿。

由于编者水平有限，书中错误和不足之处在所难免，恳请广大读者批评指正，并及时提出意见和建议，以便在修订时改正和完善。

编　者

目 录

第一单元
机械概论

人类的生产生活无不与机械有关，从用简单机械滑轮建造的金字塔到目前世界上最高建筑迪拜塔，从工业革命时的蒸汽火车到现在速度突破400km/h的高速列车，从莱特兄弟的人类第一次起飞到现今的星际探索，机械应用（图1-1）一直伴随着社会的发展，给人类社会的进步带来了福音，让人们随时随地感受到机械带来的生活便利。

a) 古埃及人用机械滑轮建造金字塔(本图为动画制作)

b) 用现代机械建造迪拜塔

c) 蒸汽火车

d) 高速列车

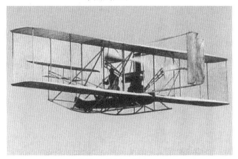

e) 莱特兄弟的飞机

f) 星际探索

图1-1　古今机械应用

本单元主要介绍机械的起源，古代机械、近现代机械的各发展阶段和机械发展趋势，同时阐述了机械的分类及应用。通过学习，了解机械各发展阶段和机械分类，熟悉机械产品在生产生活中的应用。

第一节　机械发展简史

学习目标

1. 说出机械起源和古代机械、近现代机械的发展阶段。
2. 归纳总结现代机械发展趋势。

教学情景

图 1-2 所示为不同时期的汽车，请大家思考这些汽车分别是哪一时期的机械产品？

a) 蒸汽汽车

b) 内燃机汽车

c) 燃油汽车

d) 混合动力汽车

图 1-2　汽车发展历程

教学内容

一、机械的起源和古代机械的发展

1. 机械的起源

公元 200 万年前至 50 万年前，人类社会产生了最简单的机械产品——石铲、石斧和石环，如图 1-3 所示。

a) 石铲   b) 石斧   c) 石环

图 1-3 天然工具

2. 古代机械的发展

古代机械的发展历程见表 1-1。

表 1-1 古代机械的发展历程

时　期	图　例	说　明
公元前 4000-前 3000 年	青铜工具	这段时期,人类发现了金属,学会了熔炼技术,可制造出任意形状的青铜工具,从此进入了青铜器时代
公元前 3000 年左右	a) 撬棒 b) 滑橇	这段时期,人类已广泛地使用石制和骨制的劳动工具。人们搬运重物的工具开始出现了撬棒(图 a)和滑橇(图 b),建造古埃及金字塔时就已使用这类工具

（续）

时　期	图　例	说　明
公元前 2000 年左右	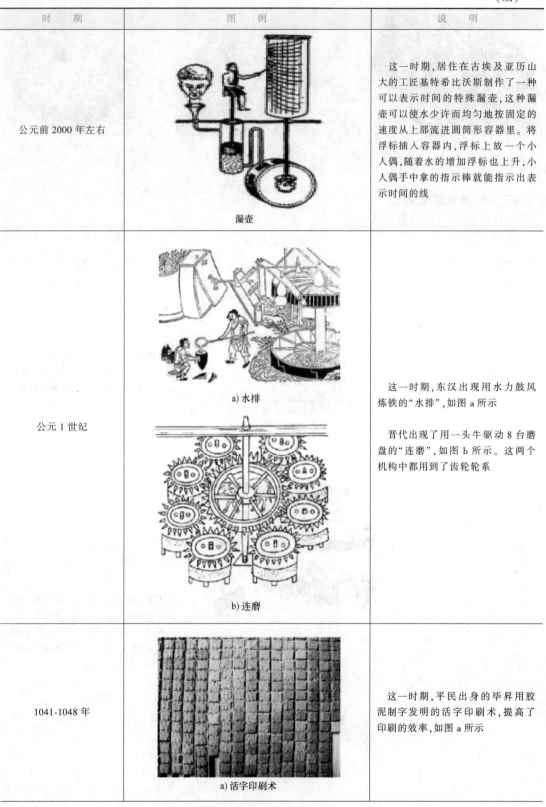 漏壶	这一时期，居住在古埃及亚历山大的工匠基特希比沃斯制作了一种可以表示时间的特殊漏壶，这种漏壶可以使水少许而均匀地按固定的速度从上部流进圆筒形容器里。将浮标插入容器内，浮标上放一个小人偶，随着水的增加浮标也上升，小人偶手中拿的指示棒就能指示出表示时间的线
公元 1 世纪	a) 水排 b) 连磨	这一时期，东汉出现用水力鼓风炼铁的"水排"，如图 a 所示 　晋代出现了用一头牛驱动 8 台磨盘的"连磨"，如图 b 所示。这两个机构中都用到了齿轮轮系
1041-1048 年	a) 活字印刷术	这一时期，平民出身的毕昇用胶泥制字发明的活字印刷术，提高了印刷的效率，如图 a 所示

（续）

时　期	图　例	说　明
1041-1048 年	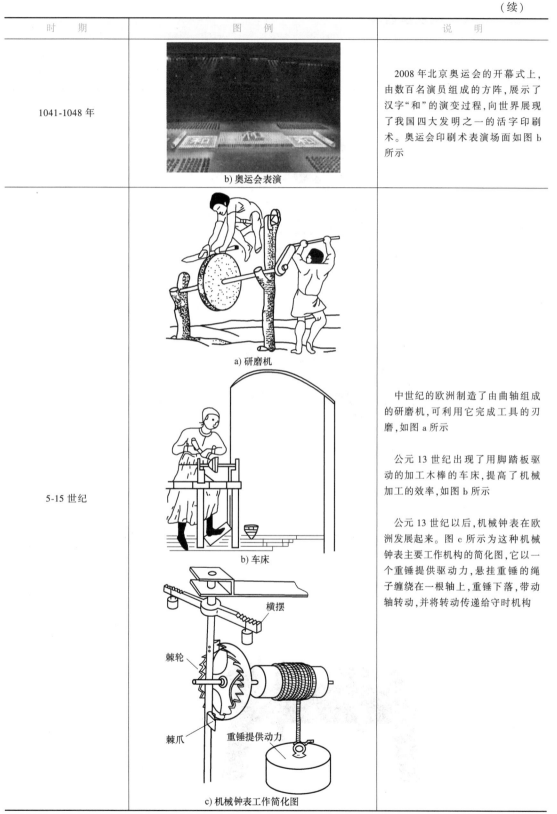b) 奥运会表演	2008 年北京奥运会的开幕式上, 由数百名演员组成的方阵, 展示了汉字"和"的演变过程, 向世界展现了我国四大发明之一的活字印刷术。奥运会印刷术表演场面如图 b 所示
5-15 世纪	a) 研磨机 b) 车床 横摆 棘轮 棘爪　重锤提供动力 c) 机械钟表工作简化图	中世纪的欧洲制造了由曲轴组成的研磨机, 可利用它完成工具的刃磨, 如图 a 所示 　　公元 13 世纪出现了用脚踏板驱动的加工木棒的车床, 提高了机械加工的效率, 如图 b 所示 　　公元 13 世纪以后, 机械钟表在欧洲发展起来。图 c 所示为这种机械钟表主要工作机构的简化图, 它以一个重锤提供驱动力, 悬挂重锤的绳子缠绕在一根轴上, 重锤下落, 带动轴转动, 并将转动传递给守时机构

二、近代机械发展阶段

近代机械发展阶段为 18-20 世纪初，近代机械的发展历程见表 1-2。

表 1-2　近代机械的发展历程

时　期	图　例	说　明
1765-1769 年	 蒸汽机	1765 年瓦特发明了可以保持真空的"另外容器"，即冷凝器。1769 年瓦特取得了带有这种冷凝器的蒸汽机的发明专利，并研制了第一台蒸汽机
1769-1780 年	 蒸汽汽车	1769 年法国的居纽制作了世界上第一台蒸汽汽车，这台蒸汽汽车可以 3.5km/h 的速度行驶，至今还珍藏在巴黎 1785 年，马德克进行了蒸汽机驱动汽车的实验，并取得圆满的成功
1781-1797 年	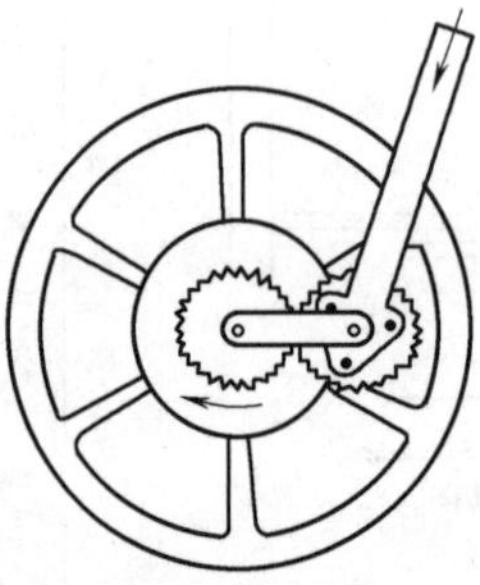 a）离心调速机构 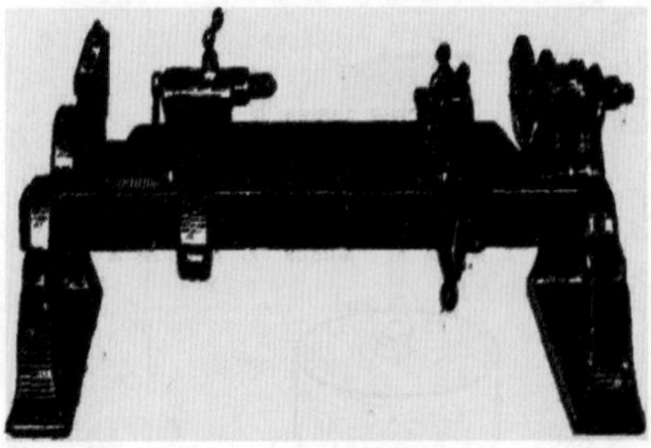 b）螺纹切削车床	1781 年瓦特工厂的马德克提出了有关"行星齿轮运动"的设计，可以作为将往复运动转换成回转运动的装置来使用，活塞往复运动一次，驱动轴就会转动两周。图 a 所示为瓦特发明的一种称为离心调速机的装置，可以解决回转运动时快时慢的问题，使这种运动稳定 1797 年英国的莫兹利制造出了第一台螺纹切削车床。该车床是全金属制成的，刀具安装在刀架上，该刀架与一根丝杠相啮合，可以左右移动，如图 b 所示。该车床是现代车床的鼻祖，是一项十分重要的发明。这台车床至今仍然保存在伦敦的科学博物馆

（续）

时　期	图　例	说　明
1804-1808 年	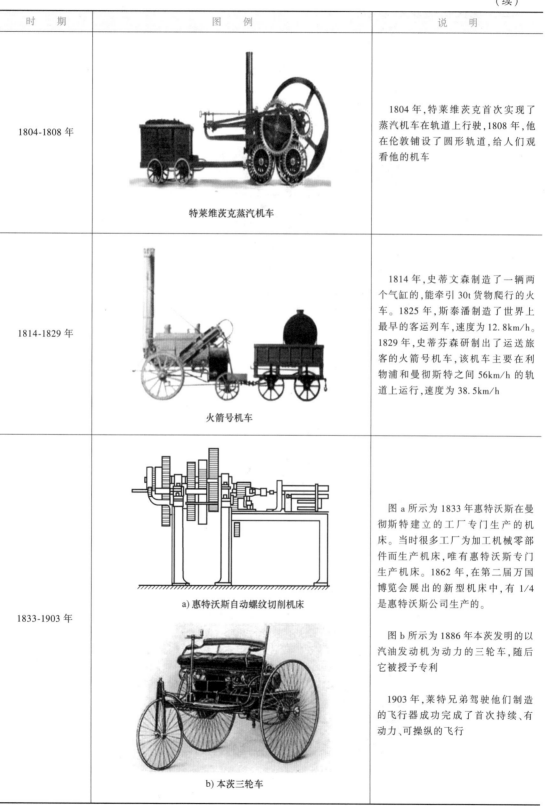 特莱维茨克蒸汽机车	1804 年,特莱维茨克首次实现了蒸汽机车在轨道上行驶,1808 年,他在伦敦铺设了圆形轨道,给人们观看他的机车
1814-1829 年	火箭号机车	1814 年,史蒂文森制造了一辆两个气缸的,能牵引 30t 货物爬行的火车。1825 年,斯泰潘制造了世界上最早的客运列车,速度为 12.8km/h。1829 年,史蒂芬森研制出了运送旅客的火箭号机车,该机车主要在利物浦和曼彻斯特之间 56km/h 的轨道上运行,速度为 38.5km/h
1833-1903 年	a) 惠特沃斯自动螺纹切削机床 b) 本茨三轮车	图 a 所示为 1833 年惠特沃斯在曼彻斯特建立的工厂专门生产的机床。当时很多工厂为加工机械零部件而生产机床,唯有惠特沃斯专门生产机床。1862 年,在第二届万国博览会展出的新型机床中,有 1/4 是惠特沃斯公司生产的。 图 b 所示为 1886 年本茨发明的以汽油发动机为动力的三轮车,随后它被授予专利 1903 年,莱特兄弟驾驶他们制造的飞行器成功完成了首次持续、有动力、可操纵的飞行

三、现代机械发展阶段

1917 年 11 月 7 日，俄国十月革命后，人类历史发生了转折，同时进入了现代机械发展阶段。现代机械发展阶段为 20 世纪初到现在，发展历程见表 1-3。

表 1-3   现代机械发展历程

时　　期	图　　例	说　　明
1917-1952 年	第一台数控机床	1952 年美国麻省理工学院研制成功了世界上第一台数控机床——三坐标立式数控铣床
1952-1958 年	中国第一台数控机床	1958 年清华大学研制出中国第一台数控机床 　1966 年我国诞生了第一台直线——圆弧插补的晶体管数控系统 1970 年初研制成功了集成电路数控系统
1958-1980 年	柔性制造单元	1976 年，日本发那科公司首次展出由 4 台加工中心和 1 台工业机器人组成的柔性制造单元，该制造单元同时配以工件自动装卸和监控检验装置 　这一时期最重要的发明无疑是计算机。计算机的出现并运用到生产中，使机械的生产率、精确度提高到了一个新阶段

（续）

时　　期	图　　例	说　　明
1980 年至今	普通 机器人	随着计算机和伺服电动机的出现,机器人作为现代机器的代表,开始走上了历史舞台,它们广泛应用于搬运、装配、焊接、喷漆等工作中

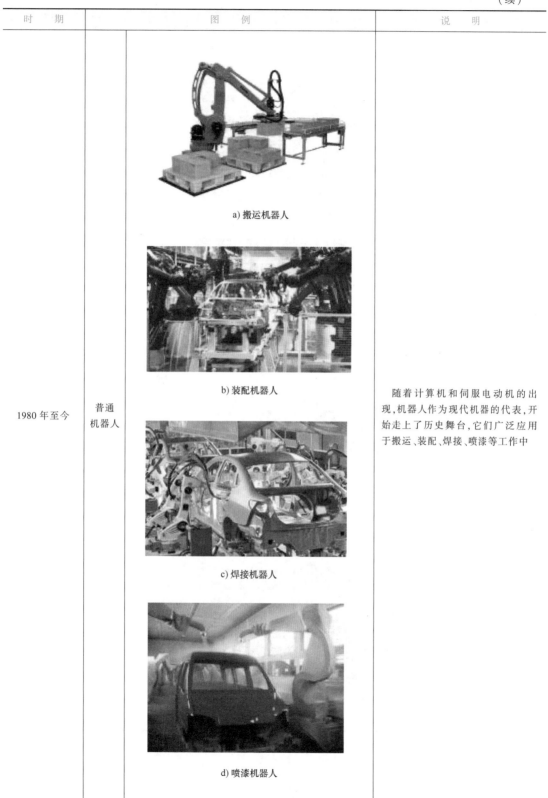

a) 搬运机器人

b) 装配机器人

c) 焊接机器人

d) 喷漆机器人

（续）

时　期	图　例	说　明
1980 年-至今	a) 水下机器人 b) 管道修理机器人 c) 军用机器人 d) 星际探索机器人 特殊机器人	除了普通机器人，还有很多特殊机器人，它们承担着许多人类无法直接操作完成的工作，广泛应用于潜水、管道修理、军事和星际探索等领域

 归纳机械各发展阶段及其特点。

四、机械发展趋势

随着科学技术的深入发展，低能耗、高环保、高精度和高性能的各类机械产品不断涌现，微型机械将会普及应用。机械发展趋势主要表现在以下方面：

1）以太阳能和核能为代表的无污染的动力机械将会出现，并投入使用。燃氢发动机驱动的汽车将会行驶在公路上。

2）载人航天技术更加成熟，人类可乘坐宇宙飞船登陆火星、月球和其他星球。

3）高精度、高效率的自动机床、加工中心更加普及，CAD/CAPP/CAM 系统更加完善，机械制造业将摆脱传统的设计及生产观念。

4）微型机械将会应用到更多领域，人工智能机械将会大量出现。

◆ 知识运用——实践动手

学生绘制机械发展史流程图或框架图，并结合所绘流程图，向其他同学介绍机械发展史。

第二节 机械的分类及应用

◆ 学习目标

1. 说出机械的分类。
2. 归纳总结机械在生产生活中的应用。

◆ 教学情景

请同学们思考图 1-4 所示的机床、内燃机和打印机的功用有何区别？

a) 机床　　　　　　　　　　b) 内燃机　　　　　　　　　c) 打印机

图 1-4　机械设备

◆ 教学内容

一、机械的分类

机械是机构和机器的总称，人们可以用它来转换能量、完成有用的机械功或处理信息，以代替或减轻人们的劳动。机械按用途可分为动力机械、加工机械、运输机械和信息机械四大类，见表 1-4。

表 1-4 机械的分类

类型	图例	特点
动力机械	 a) 内燃机  b) 电动机	动力机械是将燃料的化学能和流体动能安全、高效、低污染地转换成动力的一种机械，如内燃机（图 a）、电动机（图 b）等
加工机械	 a) 数控机床  b) 轧钢机	加工机械是用来改变被加工对象的尺寸、形状、性质和状态的一种机械，应用十分广泛，如数控机床（图 a）和轧钢机（图 b）

（续）

类　型	图　　　例	特　　点
运输机械	 a) 火车  b) 汽车	运输机械是用来搬运物品和人的一种设备。常用的运输机械有火车、汽车、飞机、起重机、运输机等
信息机械	 a) 计算机 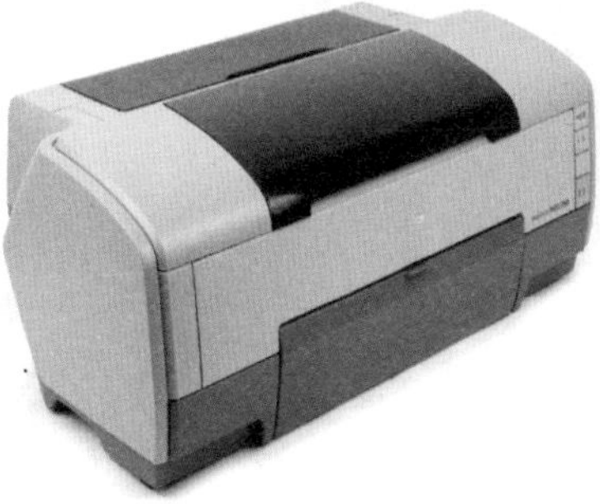 b) 打印机	信息机械是用来处理信息的设备,如计算机、打印机、复印机、绘图机、电话、扫描仪等

说出机械的分类及其特点。

二、机械的应用

目前，机械已广泛地应用于汽车、机器加工、电子及塑料制品等工业领域，随着科学技术的发展，机械的应用领域也随之不断扩大，现在已扩展到军事、采矿、冶金、航空、建筑、纺织、食品、娱乐、农业、林业等领域中，如图1-5所示。

a) 军用机械	b) 采矿机械	c) 冶金机械
d) 纺织机械	e) 食品机械	f) 农业机械

图1-5　机械的应用

知识运用——实践动手

制作关于机械在生产生活中其他领域应用的 PPT，并示范讲解。

第二单元
有趣的机构

神秘的机器人、灵巧的机械手、形形色色的玩具、可重组变形的家具等，这些都是我们生活中到处可见的机构的影子，可以这样说，有运动存在的地方就可能有机构的存在。但这些机构往往披着一层神秘的面纱，它们通过一些神奇的功能表象展现在我们面前，当我们惊诧于这些神奇功能的时候，往往忽略了机构的存在，如图 2-1 所示机器人每个活动关节都存在机构的影子。

机构是人为的实体的组合，各实体之间具有确定的相对运动，其功用是传递或转换运动。机构就像人的四肢，被称为产品的骨架和灵魂。各种机器的形式、构造和用途虽然各不相同，但它们的主要部分都是由一种或多种类型的机构组成，如颚式破碎机只有一个曲柄摇杆机构，内燃机是由曲柄连杆机构、凸轮机构等组成。由于组成机构的构件不同，机构的运动形式也不相同，所以机构的类型多种多样。图 2-2 所示是机构在生活中的应用实例。

图 2-1　机器人

a) 内燃机气缸

b) 翻斗车

c) 冰淇淋灌装机

图 2-2　机构在生活中的应用实例

机构按其运动空间分为平面机构和空间机构，如图 2-3 所示。各构件都在同一平面或平行平面内运动的机构称为平面机构，否则称为空间机构。平面机构较为简单，也更为基本。

本单元主要介绍平面机构中的凸轮机构、平面连杆机构和间歇运动机构，通过学习，了

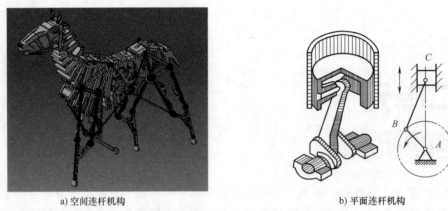

a) 空间连杆机构　　　　　　　　　　　　　　　b) 平面连杆机构

图 2-3　连杆机构按其运动空间的分类

解常用机构的类型及应用场合，能分析在生活中遇到的机器或设备使用了哪些机构。

第一节　凸轮机构

学习目标

1. 能说出凸轮机构的组成。
2. 能介绍凸轮机构各组成部分的功能。

教学情景

大家见过图 2-4 所示的玩具吗？讨论这个玩具是怎么实现运动的？

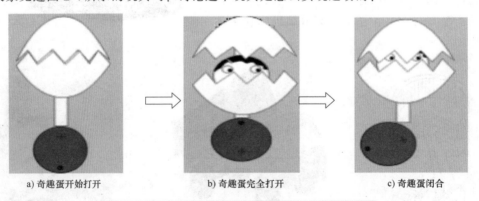

a) 奇趣蛋开始打开　　　　　　　b) 奇趣蛋完全打开　　　　　　　c) 奇趣蛋闭合

图 2-4　随着红色转盘的逆时针旋转不断开合的奇趣蛋

教学内容

一、凸轮机构的组成及分类

1. 凸轮机构的组成

如图 2-5 所示，凸轮机构由凸轮、从动件和机架三个基本构件组成。其中，凸轮是具有曲线轮廓或凹槽的构件，从动件是由凸轮直接推动的构件，又称为推杆。

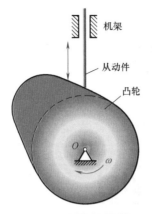

图 2-5 凸轮机构的基本组成

 请说出凸轮机构的组成，复述各组成部分的功能。

2. 凸轮机构的分类

工程中所使用的凸轮机构形式多种多样，常用的分类方法有以下几种，见表 2-1。

表 2-1 凸轮机构的分类

分类标准	类型	图 例	特 点
按凸轮的形状分	盘形凸轮		这是凸轮的最基本形式，是一个绕固定轴线转动并且具有变化半径的盘形构件。它适用于从动件行程不太大的场合，如内燃机配气凸轮机构
	移动凸轮		当盘形凸轮的回转中心趋于无穷远时，则成为移动凸轮。当移动凸轮沿直线往复运动时，推动从动件做往复运动，如靠模车削机构
	圆柱凸轮		圆柱凸轮可以看成是移动凸轮绕在圆柱体表面上演化而成的。它是在圆柱体表面上加工出一定轮廓的曲线槽，从动件的一端嵌入槽内，当圆柱凸轮回转时，圆柱上凹槽的侧面迫使从动件往复运动，如自动机床上的进给机构
按从动件末端形状分	尖顶从动件		从动件结构简单，尖顶能与复杂的凸轮轮廓保持接触，能实现预期的运动规律。但尖顶容易磨损，所以只适用于载荷较小的低速凸轮机构

（续）

分类标准	类型	图　例	特　点
按从动件末端形状分	滚子从动件		接触处是滚动摩擦,不易磨损,因此这是一种最常用的从动件
	平底从动件	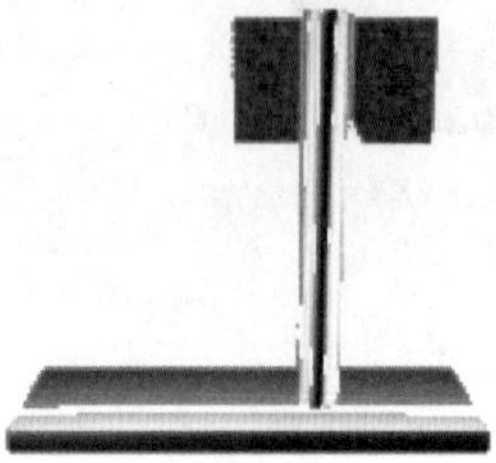	平底与凸轮轮廓线接触,凸轮对从动件的作用力始终垂直于平底,受力好,利于润滑,常用于高速、重载的凸轮机构中,但不能用于凸轮轮廓呈凹形的场合
按从动件运动形式分	移动从动件	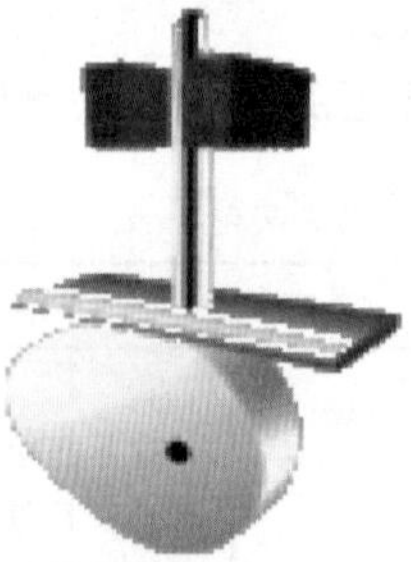	凸轮的转动转变为从动件的直线往复移动
	摆动从动件	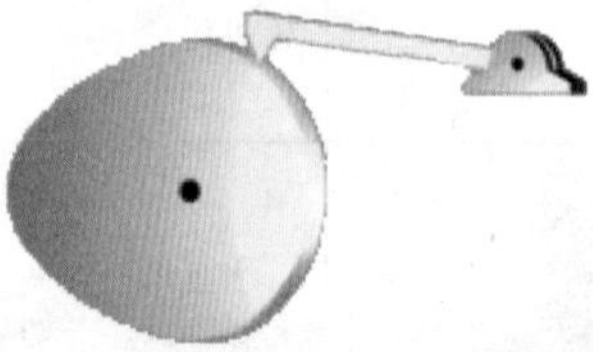	凸轮的转动转变为从动件的往复摆动

　　请归纳凸轮的形状、从动件端部形式及从动件运动形式。

二、凸轮机构的应用

1. 凸轮机构的应用

　　凸轮机构在各种机械，特别是自动机械、自动控制装置和装配生产线中应用广泛。刨床自动刨削机构如图 2-6 所示；自动送料机构如图 2-7 所示；自动绕线机构如图 2-8 所示。

2. 凸轮轮廓线

　　图 2-9 所示为常用的凸轮轮廓线形状。实际应用中凸轮轮廓线的形状是由从动件的运动规律确定的。凸轮轮廓一旦确定，当凸轮在电动机驱动下转动时，就驱动从动件得到需要的运动，实现所需要的功能。

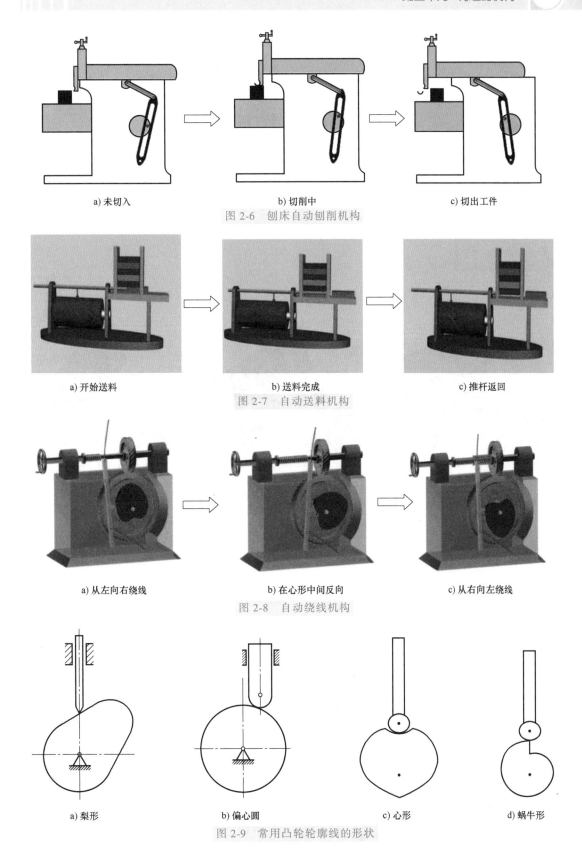

a) 未切入　　　　　　　b) 切削中　　　　　　　c) 切出工件

图 2-6　刨床自动刨削机构

a) 开始送料　　　　　　b) 送料完成　　　　　　c) 推杆返回

图 2-7　自动送料机构

a) 从左向右绕线　　　　b) 在心形中间反向　　　　c) 从右向左绕线

图 2-8　自动绕线机构

a) 梨形　　　　b) 偏心圆　　　　c) 心形　　　　d) 蜗牛形

图 2-9　常用凸轮轮廓线的形状

知识运用——实践动手

根据图 2-4 所示，制作一个玩具或者一个具有实用功能的机械装置。

第二节　连杆机构

学习目标

1. 了解铰链四杆机构的组成及特点。
2. 能列举铰链四杆机构的基本类型。

教学情景

图 2-10 所示是自卸翻斗车动作过程，讨论它是怎样实现自动卸货的。

a) 运货模式　　　　　　　　b) 翻斗升起开始卸货　　　　　　　c) 翻斗完全升起

图 2-10　自卸翻斗车动作过程

教学内容

一、连杆机构概述

1. 运动副

（1）定义　两构件间组成的可动连接称为运动副。要求组成运动副的两构件既保持直接接触，又能产生一定的相对运动。

（2）分类　运动副的分类见表 2-2。

2. 连杆机构的定义

连杆机构又称低副机构，是指由若干（两个以上）有确定相对运动的构件用低副（转动副或移动副等）连接组成的机构。

平面连杆机构是最基本也是应用最广泛的一种形式，它是由四个构件组成的平面四杆机构。图 2-11 所示铰链四杆机构是最基本的平面四杆机构。

表 2-2　运动副的分类

按接触形式分分类	按运动特征分	图　例	说　明
低副	转动副（又称铰链）	固定铰链　　　　　活动铰链	两构件可做相对转动，其中固定铰链的一个构件是固定不动的；而活动铰链的两个个构件均为活动构件
	移动副		两构件可做相对移动，其中两个构件均为活动构件
高副	凸轮副		组成凸轮副的两构件是点接触
	齿轮副		组成齿轮副的两构件是线接触

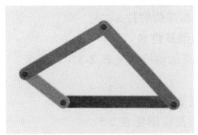

图 2-11　铰链四杆机构

3. 连杆机构中构件的分类

根据运动副的性质，将连杆机构中的构件分为三类，如图 2-12 所示。

（1）固定构件（机架） 机构中固定不动的构件，可用来支撑可动构件，如图 2-12 中构件 1。

（2）主动件（原动件） 按给定的运动规律做独立运动的构件，如图 2-12 中构件 2。

（3）从动件 机构中除主动件以外的其他运动构件，如图 2-12 中构件 3、4、5、6。

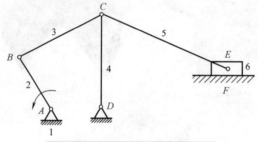

图 2-12　连杆机构中构件的分类

请画图说明连杆机构的组成。

二、铰链四杆机构的基本形式及应用

1. 铰链四杆机构的组成

铰链四杆机构是指所有运动副均为转动副的四杆机构，其组成如图 2-13 所示。

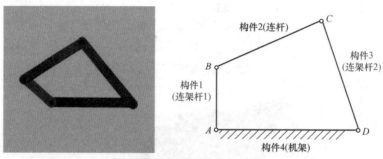

图 2-13　铰链四杆机构的组成

（1）机架 它指固定不动的构件 4。

（2）连杆 它指不与机架直接相连的构件 2。

（3）连架杆 它指与机架相连的构件 1、3。

2. 铰链四杆机构的基本类型及特点

铰链四杆机构的基本类型及运动特点见表 2-3。

3. 铰链四杆机构的应用

1）曲柄摇杆机构的应用见表 2-4。

2）双曲柄机构的常见类型及应用见表 2-5。

3）双摇杆机构的应用见表 2-6。

表 2-3　铰链四杆机构的基本类型及运动特点

基本类型	机构简图	运动特点
曲柄摇杆机构	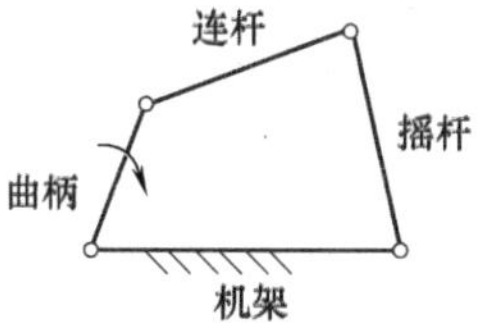	结构特点：两连架杆中一个为曲柄，另一个为摇杆 运动变换：曲柄整周回转⟺摇杆往复摆动
双曲柄机构	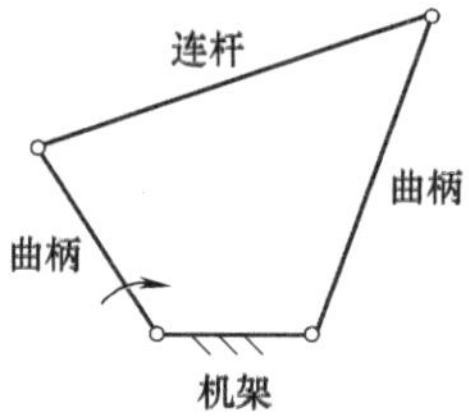	机构特点：两连架杆均为曲柄 运动变换：等速回转转变为等速或变速回转
双摇杆机构	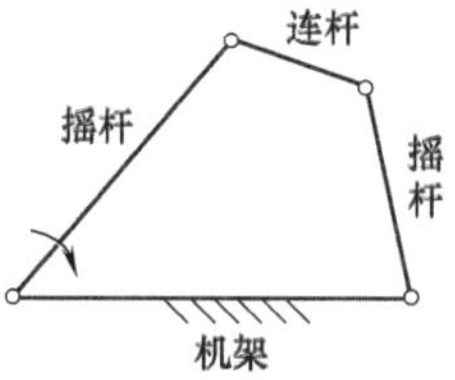	结构特点：两连架杆均为摇杆。主动摇杆做等速摆动，从动摇杆做变速摆动 运动变换：摆动⟺摆动

表 2-4　曲柄摇杆机构的应用

主动件	图　例	运动说明
曲柄为主动件	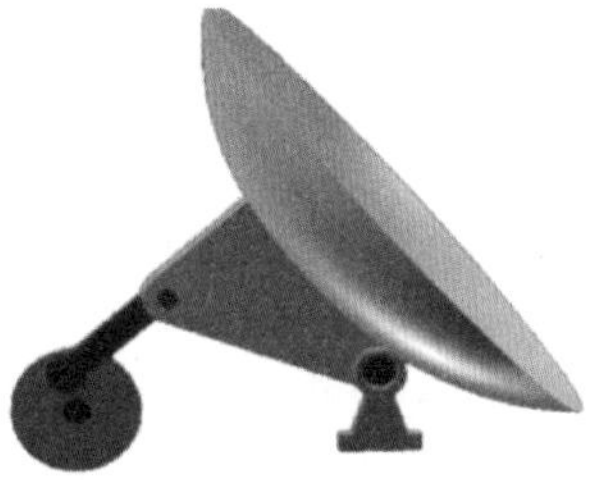 雷达天线俯仰机构 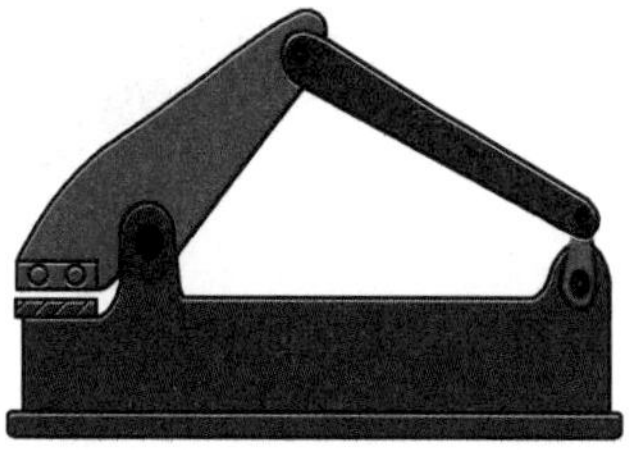 剪刀机	可以实现曲柄的整周回转运动和摇杆往复摆动的运动转换

（续）

主 动 件	图　例	运 动 说 明
摇杆为主动件	缝纫机踏板机构	可以实现将摇杆的摆动转换为曲柄的整周回转运动

表 2-5　双曲柄机构的常见类型及应用实例

类型及机构简图	结构特点及应用	应用图例
普通双曲柄机构	结构特点:曲柄不等长,主动曲柄匀速转动,从动曲柄变速转动 应用:惯性筛、叶片泵、插床机构等	惯性筛
正平行双曲柄机构	结构特点:两曲柄长度相等而且平行。对边杆相等且平行,主动曲柄与从动曲柄转向相同、速度相等,连杆做平行移动 应用:机车主动轮联动装置、天平机构、摄影平台升降机构、铲土机构等	天平机构
反平行双曲柄机构	结构特点:两曲柄长度相等而且平行。对边杆相等但不平行,两曲柄转向相反,转速不等 应用:车门启闭机构等	车门启闭机构

表 2-6　双摇杆机构的应用实例

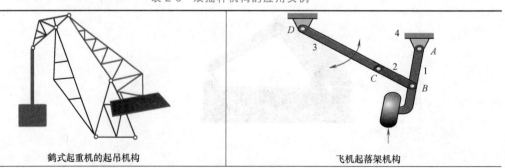

鹤式起重机的起吊机构　　　　　　飞机起落架机构

（续）

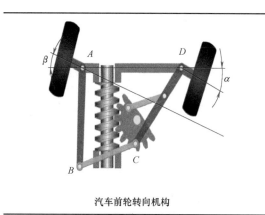

汽车前轮转向机构

造型机翻箱机构

三、铰链四杆机构的演化及应用

在实际生产中，通过改变铰链四杆机构中运动副的形式、构件的形态、变更机架和扩大转动副的尺寸等方法，可以演化成其他形式的四杆机构，这些演化形式在生产生活中也得到了广泛采用。

1. 铰链四杆机构的演化

铰链四杆机构的演化具体见表 2-7。

表 2-7　铰链四杆机构的演化

机构名称	转 化 过 程	说　　明
曲柄滑块机构	![对CD杆等效转化 转动副变成移动副]　a) 铰链四杆机构　　b) 曲柄滑块机构	1. 转动副转化为移动副：图中铰链 C 转换为滑块 C 2. 改变构件长度：$l_{CD} \Rightarrow \infty$；通过转换，机构中 C 点运动轨迹由圆弧往复演变成直线往复，往复摆动的摇杆变成了沿导轨做往复直线运动的滑块
曲柄导杆机构	a) 对心曲柄滑块机构　　b) 曲柄导杆机构	在对心曲柄滑块机构中，取构件 1（曲柄）为机架，可得到导杆机构
曲柄摇块机构	a) 对心曲柄滑块机构　　b) 曲柄摇块机构	当对心曲柄滑块机构中取构件 2 为机架时，可转化为曲柄摇块机构。在曲柄摇块机构中，当曲柄整周回转时，导杆 4 往复摆动，滑块 3 则变成了绕机架上铰链做往复摆动的摇块

（续）

机构名称	转 化 过 程	说　明
移动导杆机构	a) 对心曲柄滑块机构　　　b) 移动导杆机构	当曲柄滑块机构中取滑块 3 为机架时,即可转化为移动导杆机构。其中滑块 3 固定不动,导杆 4 做直线往复移动

2. 曲柄滑块机构的应用

在实际生产中,压力机、内燃机、搓丝机、自动送料装置、空气压缩机、往复式抽水机等装置的主要机构都是曲柄滑块机构,见表 2-8。

表 2-8　曲柄滑块机构的应用

冲压机构	自动送料机构	内燃机气缸
曲柄每转动一周,滑块就完成一次冲压工作	曲柄每转动一周,滑块就从料槽中推出一个工件	活塞(即滑块)的往复直线运动通过连杆转换成曲轴(即曲柄)的旋转运动

3. 曲柄导杆机构的应用

曲柄导杆机构的应用见表 2-9。

表 2-9　曲柄导杆机构的应用

类　型	运动特点	应用示例
转动导杆机构	当 $l_{机架} \leqslant l_{曲柄}$ 时,导杆可做整周转动	简易刨床

（续）

类　型	运动特点	应用示例
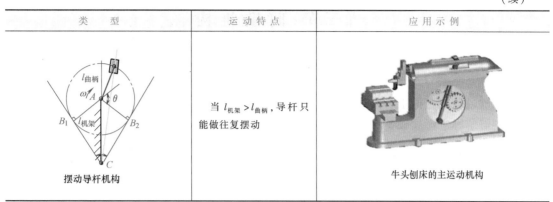 摆动导杆机构	当 $l_{机架} > l_{曲柄}$，导杆只能做往复摆动	牛头刨床的主运动机构

4. 曲柄摇块机构的应用

曲柄摇块机构的应用见表 2-10。

表 2-10　曲柄摇块机构的应用

应用图例	说　明
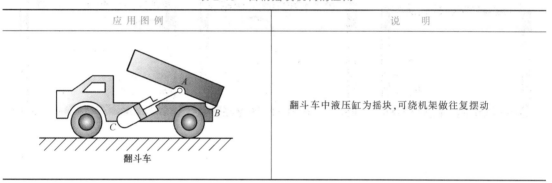 翻斗车	翻斗车中液压缸为摇块,可绕机架做往复摆动

5. 移动导杆机构的应用

移动导杆机构的应用见表 2-11。

表 2-11　移动导杆机构的应用

应用图例	说　明
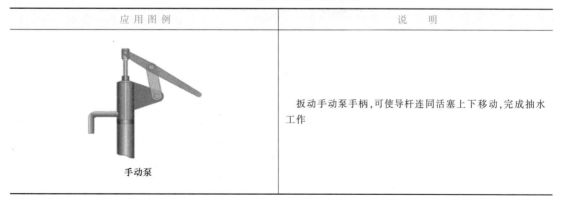 手动泵	扳动手动泵手柄,可使导杆连同活塞上下移动,完成抽水工作

知识运用——实践动手

模拟本节实例制作一个具有自动送料功能的机械装置，并示范说明。

第三节　间歇机构

学习目标

1. 能够说明起重机止动器工作过程，理解间歇机构工作原理。
2. 能够解释电影放映卷片机采用的机械机构及工作原理。

教学情景

　　大家知道电影的放映原理吗？它将依照一定时序摄制的景物各运动阶段的静止画面连续映现出来，借助人的视觉暂留，在人的视觉中再现景物运动影像的效果。图 2-14 所示电影放映原理是把胶片 1、胶片 2、胶片 3 连续放映出来，我们的感觉就是看到小松鼠从右进入屏幕然后向左跑出。那么静止的画面是如何连续放映出来的呢？

a) 胶片 1　　　　　b) 胶片 2　　　　　c) 胶片 3

d) 电影放映机卷片机构

图 2-14　电影放映原理

教学内容

一、间歇机构概述

1. 定义
能够将主动件的连续运动转换成从动件的周期性运动或停歇的机构称为间歇机构。

2. 分类
常见的间歇机构有棘轮机构和槽轮机构，如图 2-15 所示。

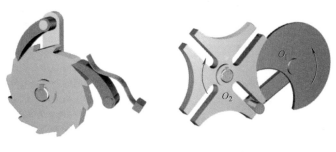

a) 棘轮机构　　　　　　　　　　　b) 槽轮机构

图 2-15　间歇机构分类

二、棘轮机构的类型及应用

1. 棘轮机构的组成

如图 2-16 所示，棘轮机构由棘轮、棘爪、机架和弹簧等组成，棘爪又分为驱动棘爪和制动棘爪。其中主动摇杆 1 空套在与棘轮 3 固联的从动轴上；驱动棘爪 2 与主动摇杆 1 用转动副相连；制动棘爪 4 与机架用转动副连接；弹簧 5 用来保证棘爪与棘轮啮合。

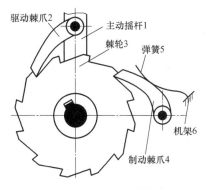

图 2-16　棘轮机构的组成

2. 棘轮机构的类型

根据不同的分类方法，常见棘轮机构的类型见表 2-12。

表 2-12　常见棘轮机构的类型

分类依据	常见类型	机构说明
按工作原理分	齿式棘轮机构	依靠棘爪与棘轮齿间的啮合传递运动。机构结构简单，制造方便，运动可靠，棘轮的转角可以在一定的范围内有级调节。在运动开始和终止时，会产生噪声和冲击，运动的平稳性较差，轮齿容易磨损，高速时尤其严重。常用于低速、轻载和转角要求不大的场合，应用较广

（续）

分类依据	常见类型	机构说明
按工作原理分	 外啮合摩擦式棘轮机构	摩擦式棘轮机构采用没有棘齿的棘轮,棘爪为扇形的偏心轮(或楔块或滚子),依靠棘爪与棘轮之间的摩擦力来传递运动,因为没有噪声,又称为无声棘轮。机构可以实现棘轮转角的无级调节,传递运动较平稳。接触表面之间容易发生滑动现象,因而运动的可靠性和准确性较差,不宜用于运动精度要求高的场合,常适于低速、轻载的场合
按啮合方式分	 外啮合轮齿式棘轮机构	外啮合轮齿式棘轮机构的棘齿做在棘轮的外缘,棘爪置于棘轮外侧,安装方便,应用较广
	 内啮合轮齿式棘轮机构	内啮合轮齿式棘轮机构的棘齿做在棘轮的内缘;棘爪置于棘轮内侧,结构紧凑,外形尺寸较小
按棘轮运动形式分	 间歇转动棘轮机构	主动件(棘爪)做连续往复摆动,从动件(棘轮)做单向间歇转动
	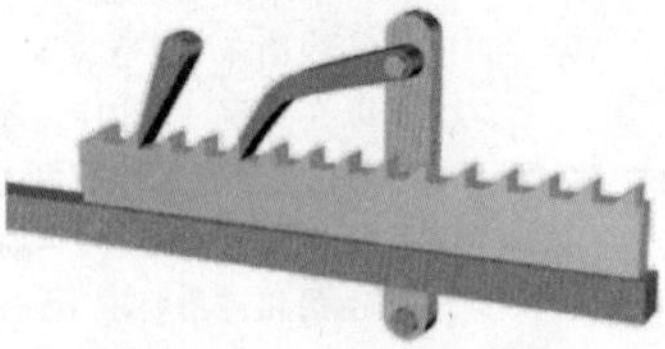 间歇移动棘轮机构(棘条机构)	主动件(棘爪)做连续往复摆动,从动件(棘轮)做单向间歇移动

3. 棘轮机构的应用

棘轮机构在工程中广泛应用于转位分度、进给机构、送料机构、刀架的转位机构等，以及单向离合器、超越离合器、制动器等，如牛头刨床的横向进给机构、压力机工作台自动转位机构、超越离合器（单车飞轮）等。

图 2-17 所示为棘轮机构用于压力机工作台自动转位机构的应用实例。在该机构中，转盘式工作台 5 与棘轮固定联接在一起（即工作台相当于棘轮），ABCD 为一空间四杆机构，当冲头 1 上下运动时，可以通过连杆 BC 带动摇杆 AB 来回摆动，摇杆上装有棘爪 4，可随摇杆一起摆动而带动工作台（棘轮）转动。当冲头 1 上升时，摇杆 AB 顺时针方向摆动，通过棘爪带动棘轮和工作台顺时针方向转位送料到冲压工位 2 处；当冲头 1 下降时进行冲压时，摇杆 AB 逆时针方向摆动，此时棘爪在棘轮上滑行，工作台静止不动，冲头完成冲压动作。当冲头再次上升或下降时，重复以上动作。此外，当工作台转动到退料工位 3 时完成退料工作，工作台转动到装料工位 6 时完成装料工作。

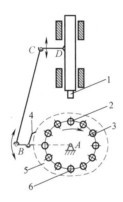

图 2-17　压力机工作台自动转位机构

图 2-18 所示为防止逆转的棘轮机构，在一些起重设备或牵引设备中经常用到这种机构。当转动的鼓轮 3 带动工件 5 上升到所需的位置时，鼓轮 3 停止转动。为了防止鼓轮 3 的逆转，使用棘爪 2 依靠弹簧 1 嵌入棘轮 4 的轮齿凹槽中，这样就可以防止鼓轮在任意位置停留时产生逆转，保证起重工作安全可靠，杜绝由于停电等原因造成的事故。

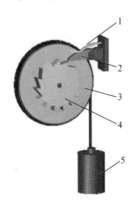

图 2-18　防止逆转的棘轮机构

图 2-19 所示的内啮合棘轮机构是自行车后轴上的棘轮机构。当脚蹬踏板时,经链轮 1 和链条 2 带动内圈具有棘齿的链轮 3 顺时针方向转动,再由棘爪 4 带动后轮轴 5 顺时针方向转动,从而驱使自行车前进。当自行车下坡或歇脚休息时,踏板不动,后轮轴 5 借助下滑力或惯性超越链轮 3 转动。棘爪 4 在棘轮齿背上滑过,产生从动件转速超过主动件转速的超越运动,从而实现不蹬踏板的滑行。

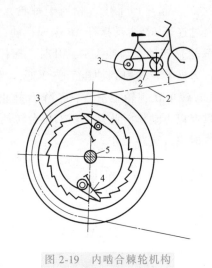

图 2-19 内啮合棘轮机构

三、槽轮机构的常见类型及应用

1. 槽轮机构的组成

如图 2-20 所示,槽轮机构一般由主动件拨盘 1、从动件槽轮 2 和机架 3 组成,其中拨盘上有圆柱销和锁止凸弧,槽轮上有径向槽和锁止凹弧,一般径向槽的槽数不低于 3 个。

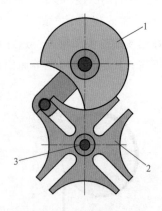

图 2-20 槽轮机构的组成

2. 槽轮机构的常见类型

按其分类方法不同,槽轮机构的常见类型见表 2-13。

表 2-13　槽轮机构的常见类型

分 类 方 法	类 型	机 构 说 明
按拨盘与槽轮轴线的相对位置分	 平面槽轮机构	传递两平行轴间的运动,应用较广
	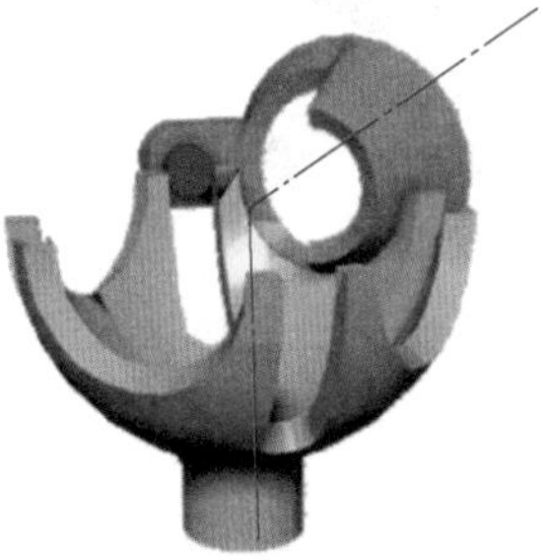 空间槽轮机构(球面槽轮机构)	传递两相交轴间运动
按拨盘与槽轮的接触形式分	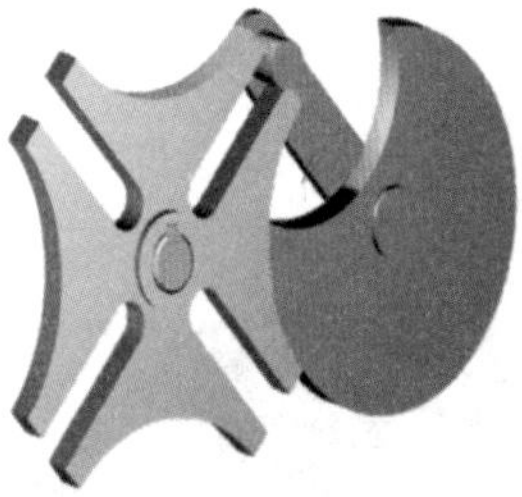 外啮合槽轮机构	拨盘在槽轮的外部,所占空间较大拨盘与槽轮的转向相反,应用广泛
	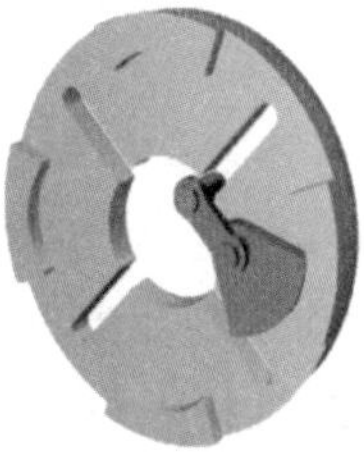 内啮合槽轮机构	拨盘在槽轮的内部,所占空间小,机构紧凑,槽轮停歇时间较短,传动平稳。拨盘与槽轮的转向相同

（续）

分类方法	类 型	机 构 说 明
按拨盘圆柱销数量分	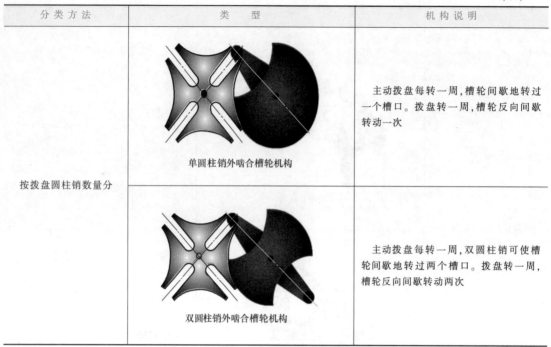 单圆柱销外啮合槽轮机构	主动拨盘每转一周，槽轮间歇地转过一个槽口。拨盘转一周，槽轮反向间歇转动一次
	双圆柱销外啮合槽轮机构	主动拨盘每转一周，双圆柱销可使槽轮间歇地转过两个槽口。拨盘转一周，槽轮反向间歇转动两次

3. 槽轮机构的应用

一般槽轮机构常用在转速要求不高，要求定转角的自动机械中做转位机构。

图 2-21 所示为电影放映机卷片机构，其中的单圆柱销外啮合槽轮机构可以实现卷片功能。为了适应人眼视觉暂留现象，要求影片做间歇移动。槽轮上有四个径向槽，当拨盘每转动一周，圆柱销将拨动槽轮转过 90°，胶片移过一副画面，并停留一定的时间。

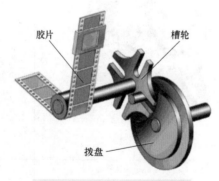

胶片　槽轮

拨盘

图 2-21　电影放映机卷片机构

图 2-22 所示的冰淇淋灌装机构是单圆柱销外啮合槽轮机构，槽轮中分布了四个径向槽，对应工作台四个灌装工位。当主动拨盘连续转动时，从动槽轮做时动时停的间歇运动。拨盘每转一周，槽轮转过 90°，一次灌装完成，从而实现冰淇淋的灌装工作。

图 2-23 所示为用于刀架转位机构中的槽轮机构。与槽轮固连在一起的刀架上装有 4 种刀具，当圆柱销进、出槽轮一次，就推动槽轮转动 90°，从而将下一道工序所用的刀具转换到工作位置，以满足零件的加工工艺要求。

a) 罐装过程短暂停留　　　　　　　b) 罐装完成，单圆柱销拨动槽轮转过一个工位

图 2-22　冰淇淋灌装机构

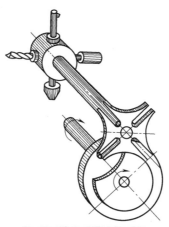

图 2-23　刀架转位机构

知识运用——实践动手

如图 2-24 所示，拆装单轴转塔自动车床的转塔刀架部分，仔细观察换刀过程，指出刀架换刀应用的是什么机构及其原理。

图 2-24　单轴转塔自动车床

第三单元
常见的机械传动

机械是一种人为的实物构件的组合，各部分之间具有确定的相对运动，机械是机构与机器的总称。机械的种类繁多，按功能可分为动力机械、物料搬运机械、粉碎机械等；按应用行业可分为农业机械、矿山机械、纺织机械、包装机械等。

从中国古代开始，机械传动机构的类型就很多，应用广泛，主要分为两类：一是依靠机件间的摩擦力传递动力和运动的摩擦传动，包括带传动；二是依靠主动件与从动件的啮合或借助中间件啮合传递动力或运动的啮合传动，包括齿轮传动、链传动、螺旋传动等。啮合传动能够用于大功率的场合，传动比准确，但要求较高的制造精度和安装精度。

1）带传动是具有中间挠性件的机械传动方式，容易实现无级变速，能适应两轴间距较大的传动场合，过载打滑时还能起到缓冲和保护传动装置的作用，这种传动一般不能用于大功率的场合，也不能保证准确的传动比，应用较普遍的是 V 带传动。

2）链传动是借助中间件啮合传递动力或运动的啮合传动，主要用于平均传动比要求较准确，两轴距离较远，而且不宜采用带传动和齿轮传动的场合。

3）螺旋传动可以方便地把主动件的回转运动转变成从动件的直线运动，同时传递运动和动力，并且结构简单、工作连续平稳。

4）齿轮传动是应用最广泛的机械传动形式，它适于任意两轴间运动和动力的传递，能保证准确的传动比。

本单元主要介绍常见的机械传动形式。通过学习了解常见机械传动的特点和组成，能分析生活中遇到的机器或设备使用了哪些机械传动机构。图 3-1 所示为古今机械传动的应用实例。

a) 翻车　　　　　　　　　b) 指南车　　　　　　　　　c) 台虎钳

图 3-1　古今机械传动的应用实例

第一节 带 传 动

学习目标

1. 归纳带传动的类型、特点及应用。
2. 指出 V 带的标准及带轮的结构形式。
3. 能分析所见到的机械装置中用到的带传动的类型及特点。

教学情景

图 3-2 所示为行李安检过程，讨论这些行李是怎么运动，从而实现安检的。

a) 放上行李   b) 行李检测   c) 检测完毕

图 3-2 行李安检过程

教学内容

一、带传动的组成及常见类型

1. 带传动的组成

带传动的组成如图 3-3 所示，当原动机驱动主动带轮转动时，通过带与带轮之间摩擦力或啮合力的作用，使从动带轮一起转动，从而实现运动和动力的传递。

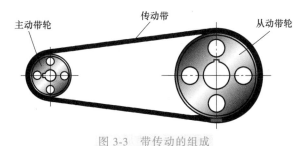

主动带轮   传动带   从动带轮

图 3-3 带传动的组成

2. 带传动的常见类型

按传动原理不同，带传动分为摩擦型带传动和啮合型带传动两类；摩擦型带传动根据带的横截面形状不同又分为平带、V 带和圆形带，具体见表 3-1。

表 3-1　带传动的分类

分类标准	类型	图　例	特　点
按工作原理分	摩擦型带传动		依靠紧套在带轮上的传动带与带轮接触面间产生的摩擦力来传递运动和动力,应用广泛,本节重点介绍摩擦型传动带
	啮合型带传动		依靠带内侧的凸齿与带轮外缘上的齿槽的啮合来传递运动和动力,即依靠带齿与带轮齿之间的啮合实现传动
按带的横截面形状分	平带		截面形状为扁平矩形,工作面为与带轮相接触的内表面。其结构简单,价格便宜,效率较低,寿命短,常用于中心距小、传动比大的场合,如鼓风机、抽水机等
	V 带		V 带也称为三角带,截面形状为等腰梯形,工作面为两侧面。其传递功率大,结构紧凑,应用广泛,如用于手扶拖拉机驱动装置。在同样的张紧力下,V 带传动能力是平带的 3 倍
	圆形带		圆形带的横截面为圆形,工作面为内表面圆弧。其牵引能力小,结构紧凑,常用于仪器、家用机械、人力机械等低速、轻载、小功率传动场合中,如家用缝纫机

复述带传动的类型、特点及其应用。

3. V 带结构

V 带是一种无接头的环形带,其截面为等腰梯形,其工作面是与 V 带轮相接触的两侧面,带与轮槽底面不接触。V 带的结构有帘布芯结构和绳芯结构两种,其组成如图 3-4 所示。

普通 V 带已经标准化,按其截面尺寸由小到大分为 Y、Z、A、B、C、D、E 七个型号,其中 Y 的截面尺寸最小, E 的截面尺寸最大。截面积越大,传递的功率越大。Y、Z 型主要用于办公设备和洗衣机等家用电器,如家用波轮洗衣机选用 Z 型带。

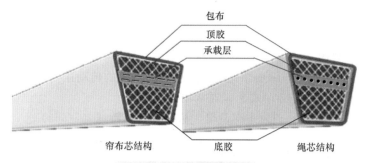

图 3-4　V 带的结构及组成

　　每根 V 带的页面都压印有标记，由带型、基准长度和国家标准编号所组成。普通 V 带的基准长度是指在规定的张力下，V 带位于测量带轮基准直径上的周长，也称为节线长，用 Ld 表示。V 带的标记组成如图 3-5 所示。

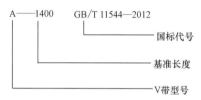

图 3-5　V 带的标记组成

　　说出普通 V 带标记的组成，复述各部分的意义。

4. V 带轮的结构

V 带轮的组成如图 3-6 所示，它的结构取决于带轮基准直径的大小，如图 3-7 所示。

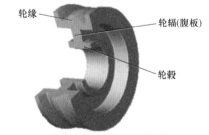

图 3-6　V 带轮的组成

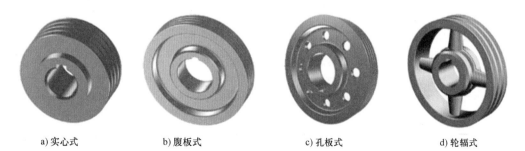

a) 实心式　　　　b) 腹板式　　　　c) 孔板式　　　　d) 轮辐式

图 3-7　V 带轮的结构

二、带传动的特点及应用

1. 带传动的传动比

机械中瞬时输入角速度与输出角速度的比值称为机构的传动比。带传动的传动比就是主动带轮转速 n_1 与从动带轮转速 n_2 之比，通常用 i_{12} 表示。

即 $i_{12}=n_1/n_2$，n_1 与 n_2 分别为主动带轮、从动带轮的转速（r/min）。

2. 带传动的特点及应用

摩擦型带传动结构简单，制造、安装和维护方便，成本低；带有弹性，可缓冲吸振，传动平稳，噪声小；摩擦带过载打滑，可起安全保护作用；由于带传动装置外廓尺寸大，结构不够紧凑，需要张紧装置；同时带的寿命较短，需经常更换，不宜用于高温、易燃、易蚀场合。摩擦带有弹性滑动，传动比不恒定，效率低，摩擦型带传动适用于要求传动平稳、不要求传动比准确、中小功率的远距离传动，在各类机械中应用广泛。

同步带传动是一种典型的啮合式带传动，它兼有带传动和啮合传动的特点。同步带传动主要用于中小功率、传动比要求精确的场合。

🔧 知识运用——实践动手

如图 3-8 所示，尝试更换台式钻床上的 V 带，观察所采用带传动及带的类型、带轮的结构等。

图 3-8　台式钻床

第二节　螺旋传动

🔧 学习目标

1. 依据实物能判断出螺纹的类型并说出其特点。
2. 会总结普通螺旋传动的形式、特点及应用。
3. 会判断常用螺旋传动中移动件的移动方向。

🔧 教学情景

图 3-9 所示为常用的台虎钳，可以夹紧、松开被加工件。你知道台虎钳是如何夹紧、松

开工件的吗？

图 3-9 台虎钳

 **教学内容**

一、螺纹的种类及应用

1. 螺纹

螺纹是在圆柱或圆锥面上沿着螺旋线所形成的，具有相同剖面的凸起和沟槽。

2. 螺纹的类型、特点及应用

螺纹的种类繁多，按用途不同可分为联接螺纹和传动螺纹两类；按旋向不同可分为左旋和右旋两种，其中常用右旋；按螺旋线数分有单线和多线之分，多线螺纹一般常用双线或三线螺纹，一般不超过 4 线；按截面形状不同，螺纹又可分为三角形螺纹、梯形螺纹、矩形螺纹、锯齿形螺纹和管螺纹，具体见表 3-2。

表 3-2 螺纹的类型

分类方法	类型名称及简图
按截面形状分	a) 三角形螺纹　　b) 梯形螺纹　　c) 锯齿形螺纹 d) 矩形螺纹　　　　e) 管螺纹

（续）

分类方法	类型名称及简图
按形成的表面不同分	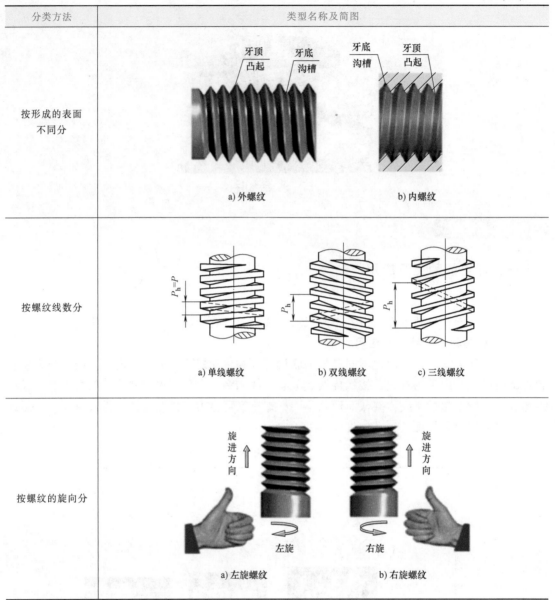
按螺纹线数分	
按螺纹的旋向分	

 归纳总结出螺纹的类型及其分类依据。

二、螺旋传动的应用形式

1. 螺旋传动的组成

螺旋传动就是利用螺旋副来传递运动和动力的一种机械传动，由丝杠、螺母和机架组成，如图 3-10 所示。

2. 螺旋传动的类型及特点

螺旋传动根据摩擦性质的不同可分为滑动摩擦螺旋传动（滑动螺旋传动）和滚动摩擦

图 3-10 螺旋传动的组成

螺旋传动（滚珠螺旋传动）。滑动螺旋传动是目前应用较多的螺旋传动，滚珠螺旋传动摩擦阻力小，动作灵敏，传动精度和效率高，但结构复杂，制造困难，成本高，目前主要用于要求高效率和高精度的数控设备中，见表 3-3。

表 3-3 螺旋传动的类型

分类依据	类 型	
按摩擦性质分	滑动螺旋传动	车床马鞍的螺旋传动
	滚珠螺旋传动	数控机床的滚珠丝杠副

 说出螺旋传动的分类。

3. 普通螺旋传动的基本形式及特点

由螺杆和螺母组成的简单螺旋副实现的传动称为普通螺旋传动。其基本形式及特点、应用见表 3-4。

表 3-4　普通螺旋传动的基本形式及特点

基本形式	应用实例	特点及应用
螺母固定不动,螺杆回转并做直线运动	活动钳口　固定钳口 螺杆　螺母 台虎钳	可获得较高的传动精度,适用于行程较小的场合,如压力机、台虎钳等
螺杆固定不动,螺母回转并做直线运动	托盘 螺母 手柄 螺杆 螺旋千斤顶	结构简单、紧凑,但精度较差,应用于插齿机刀架传动、螺旋千斤顶等
螺杆回转,螺母做直线运动	车刀架 螺杆　螺母 手柄 车床横刀架	结构紧凑、刚性好,适用于行程较大的场合,如机床进给丝杠等
螺母回转,螺杆做直线运动	观察镜 螺杆 螺母 机架 观察镜螺旋调整装置	结构复杂,用于仪器调节机构,如螺旋千分尺的微调机构、量具的测量螺旋

 复述普通螺旋传动的应用形式、特点及应用。

4. 普通螺旋传动螺杆（或螺母）移动方向的判断

普通螺旋传动中从动件做直线移动的方向不仅与螺纹的回转方向有关，还与螺纹的旋向有关，其判定方法见表3-5。

表 3-5　普通螺旋传动中螺杆（或螺母）移动方向的判定

基 本 形 式	应 用 实 例	移动方向的判定
螺母/螺杆固定不动，螺杆/螺母回转并做直线移动	活动钳口　固定钳口 螺杆　螺母 台虎钳	右旋螺纹用右手，左旋螺纹用左手。手握空拳，四指指向与螺杆（或螺母）回转方向相同，则大拇指指向即为螺杆（或螺母）的移动方向
螺杆/螺母回转，螺母/螺杆做直线移动	床鞍 丝杠　开合螺母 车床螺旋丝杠	右旋螺纹用右手，左旋螺纹用左手。手握空拳，四指指向与螺杆（或螺母）回转方向相同，则大拇指指向的相反方向即为螺母（或螺杆）的移动方向

5. 螺旋传动的应用

螺旋传动广泛应用于机床的进给机构、起重设备、测量仪器、工装夹具及其他工业设备中，如图 3-11 所示。

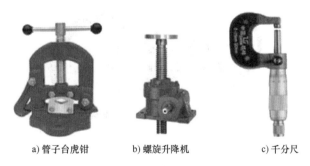

a) 管子台虎钳　　　　b) 螺旋升降机　　　　c) 千分尺

图 3-11　螺旋传动的应用

知识运用——实践动手

如图 3-12 所示，尝试拆装台虎钳，判断其所用螺纹的类型、螺旋传动的类型及判定螺杆或螺母的移动方向。

图 3-12　台虎钳

第三节　链　传　动

学习目标

1. 以自行车为例说出链传动的组成及所用链传动的类型。
2. 说出链传动的常用类型。
3. 归纳总结链传动的应用特点。

教学情景

随着共享单车（图 3-13）的发展，你是否思考过为什么人们脚蹬踏板自行车就能快速前行？

图 3-13　共享单车

教学内容

一、链传动概述

1. 链传动的组成

链传动的组成如图 3-14 所示。当主动链轮转动时，带动链条转动，而通过链条带动从动链轮回转，从而实现运动和动力的传递。

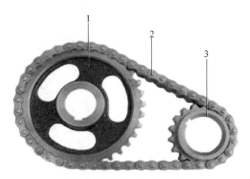

图 3-14 链传动的组成

1—主动链轮 2—链条 3—从动链条

2. 链传动的传动比

链传动的传动比 i 是主动链轮的转速 n_1 与从动链轮的转速 n_2 之比。假设主动链轮的齿数为 z_1，从动链轮的齿数为 z_2，则

$$i_{12}=\frac{n_1}{n_2}=\frac{z_2}{z_1}$$

3. 链传动的特点及应用

链传动是具有中间挠性件（链条）的啮合传动，平均传动比准确，工作可靠，效率高，传递功率大，能在高温、潮湿、多尘、有污染等恶劣环境中工作。但传动平稳性差，运转时会产生振动、冲击和噪声，因此适用于两轴相距较远、传递功率较大且平均传动比准确、不宜采用带传动或齿轮传动的场合。

二、链传动的常用类型及应用特点

1. 链传动的类型及应用

链传动的类型很多，按用途不同可分为传动链、起重链和输送链三类，各类的特点及应用见表 3-6。

2. 传动链

传动链的种类繁多，常用的是套筒滚子链和齿形链，套筒滚子链的组成及特点见表 3-7。

表 3-6 链传动的类型及应用特点

类型	应 用 特 点	应 用 实 例 图 示
传动链	主要用于一般机械中传递运动和动力,也可用于输送等场合,应用最广	自行车

（续）

类型	应用特点	应用实例图示
起重链	主要用于传递动力,起牵引、悬挂物体的作用,兼做缓慢运动	 牵引式升降机
输送链	用于输送工件、物品和材料,可直接用于各种机械上,也可以组成链式输送机作为一个单元出现	 数控排屑机

表 3-7　套筒滚子链的组成及特点

类型	应用特点	组成
套筒滚子链	由内链板、外链板、套筒、滚子和销轴组成,载荷较大时可选用双排链或三排链,应用最广	 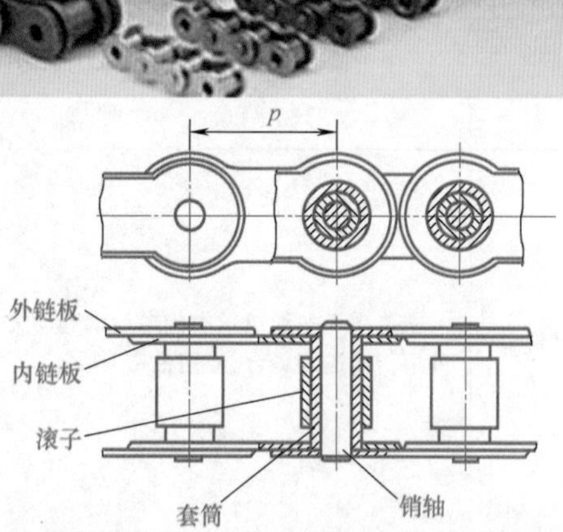 外链板　内链板　滚子　套筒　销轴

知识运用——实践动手

如图 3-15 所示，现有一辆家用自行车的链子掉了，请同学们观察并分析它所用链传动的类型、辨别链条的各组成部分，同时尝试把链条装上，并保证能正常骑行。

图 3-15　自行车

第四节　齿轮传动

学习目标

1. 能说出齿轮传动的特点。
2. 会归纳总结齿轮传动的类型。
3. 依据实例判断所用齿轮传动的类型并说出其特点。

教学情景

我们都知道手表中的时间比例都是 60，并且非常准确，图 3-16 展示了机械手表的内部结构，它们是如何保证时间准确的？

图 3-16　机械手表的结构

 **教学内容**

一、齿轮传动的常用类型及特点

1. 齿轮传动的组成

齿轮传动是利用齿轮副来传递运动和（或）动力的一种机械传动。齿轮副是由一对齿轮相互啮合形成的，每个齿轮又相对固定，因此一对齿轮传动由主动齿轮、从动齿轮和机架组成。

2. 传动比的计算

齿轮传动的传动比是主动齿轮与从动齿轮的转速之比，也等于两齿轮齿数的反比，即

$$i_{12} = \frac{n_1}{n_2} = \frac{z_2}{z_1}$$

式中，n_1、z_1 分别为主动齿轮的转速与齿数；n_2、z_2 分别为从动齿轮的转速与齿数。

3. 齿轮传动的常用类型及特点

齿轮传动的种类很多，可按以下不同的方法进行分类。齿轮传动的常用类型、特点和应用见表 3-8。

表 3-8　齿轮传动的常用类型、特点和应用

类型		名称	图　示	特点和应用
平行轴齿轮传动	两轴线平行	外啮合直齿圆柱齿轮传动		制造简单，承载能力较低，两齿轮旋转方向相反，多适用于速度较低的传动，尤其适用于变速箱的换挡齿轮
		外啮合斜齿轮传动		传动较平稳，承载能力较强；两齿轮旋转方向相反，有轴向力；适用于速度较高、载荷较大或要求结构紧凑的场合
		外啮合人字齿轮传动		承载能力高，两齿轮旋转方向相反；多用适于重载传动，但加工要求较高

（续）

类型		名称	图　示	特点和应用
平行轴齿轮传动	两轴线平行	齿轮齿条传动		可方便地将回转运动转换为直线运动或将直线运动转换为回转运动
		内啮合直齿圆柱齿轮传动		结构紧凑,轴间距离小,两齿轮旋转方向相同;但内齿轮制造较困难,多适用于轮系
空间齿轮传动	两轴线相交或交错	直齿锥齿轮传动		制造简单、安装方便,传动平稳性较差,承载能力较低,适用于速度较低、载荷小而稳定的传动
		曲齿圆锥齿轮传动		工作平稳,承载能力高,适用于速度较高及载荷较大的传动,但需要专门加工的机床
		交错轴斜齿轮传动		两齿轮沿齿向有相对滑动,效率较低,适用于载荷较小、速度较低的传动
		蜗杆传动		结构紧凑,传动比大,能够自锁,传动平稳,噪声小,承载能力较大,但传动效率低,成本较高,一般适用于传动比较大、传递功率不大、做间歇运动的场合

说出齿轮传动的类型及其特点。

4. 单对齿轮传动中主从动轮的转向

一对齿轮传动，当首轮（或末轮）的转向已知时，其末轮（或首轮）的转向即确定，用标注箭头的方法表示，具体标注见表3-9。

表 3-9 单对齿轮传动转向的表达

类　型		运动结构简图	转向表达
单对圆柱齿轮啮合传动	外啮合		转向用标注箭头的方法表示，主、从动齿轮转向相反，两箭头指向相反，也可以用"−"表示转向相反
	内啮合		主、从动齿轮转向相同，两箭头指向相同，也可以用"+"表示转向相同
锥齿轮啮合传动			两箭头同时指向或同时背向啮合点
蜗杆啮合传动			两箭头的指向按蜗杆传动中蜗轮回转方向的方法及规定标注

画图表示出单对齿轮传动中从动轮的转动方向。

二、齿轮传动的特点及应用

1. 齿轮传动的主要优点

优点是瞬间传动比恒定，工作稳定，传动准确可靠，可传递空间任意两轴之间的运动和动力；适用的功率和速度范围广，功率从近于零的微小值到数万千瓦，圆周速度从很低的值到 300m/s；传动效率高，使用寿命长；外廓尺寸小，结构紧凑。

2. 齿轮传动的主要缺点

缺点是制造和安装精度要求较高，需专门设备制造，成本较高，不宜用于较远距离两轴之间的传动。

3. 齿轮传动的应用

齿轮传动具有传动平稳可靠，传动比精度高，工作效率高，使用寿命长，使用的功率、速度和尺寸范围大等优点，因此应用非常广泛，图 3-17 为齿轮传动的应用实例。

a) 减速器中的齿轮传动   b) 柴油机中的齿轮传动   c) 手表中的齿轮

图 3-17 齿轮传动的应用实例

知识运用——实践动手

如图 3-18 所示，尝试拆装减速器，仔细观察其所用齿轮传动的类型，说出分类依据及特点。

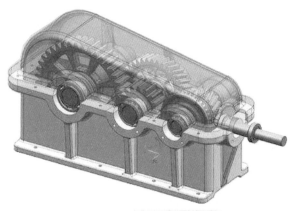

图 3-18 减速器

第五节　轮　系

学习目标

1. 能说出轮系的类型及分类依据。
2. 会依据轮系的实际应用判断其类型并说出其功用。

教学情景

前面我们学习了由两个齿轮组成的齿轮传动，图 3-19 所示的闹钟是由一系列相互啮合的齿轮组成的，又称之为什么？这种传动机构有何特点？

图 3-19　机械式闹钟

教学内容

一、轮系的分类

1. 轮系

轮系是由一系列相互啮合的齿轮组成的传动系统，可以方便地实现变速、换向及运动的合成与分解等功用。

2. 轮系的组成

轮系的组成包括不同类型的齿轮传动，如直齿轮传动、锥齿轮传动、齿轮齿条传动及蜗杆传动等。

3. 轮系的分类及特点

轮系的结构形式很多，根据传动时各齿轮的几何轴线位置是否固定，轮系可分为定轴轮系、周转轮系和混合轮系，见表 3-10。

表 3-10 轮系的分类及应用特点

类型	图 示	特点及应用
定轴轮系		所有齿轮在运转时的几何轴线位置相对于机架均固定的轮系称为定轴轮系,是应用最广泛的传动装置,可用于减速、增速和换向要求,实现运动和动力的传递与交换
周转轮系	行星架H 行星轮2 中心轮1 中心轮3	轮系在运转时,至少有一个齿轮的几何轴线绕另一齿轮的几何轴线转动,周转轮系由中心轮,行星轮和行星架组成,可分为行星轮系与差动轮系两种,可以方便地实现运动的合成与分解
混合 轮系		在轮系中,既有定轴轮系又有周转轮系的轮系称为混合轮系

复述轮系的类型、分类依据及其特点。

二、轮系的应用

轮系可以方便地实现运动的变速与换向、运动的合成与分解，还可以获得较大的传动比，实现远距离的传动。图 3-20 所示为轮系的应用实例。

a) 天津世纪钟

b) 汽车变速器

c) 铣床变速箱

图 3-20　轮系的应用实例

复述轮系的应用并列举出其对应的实例。

知识运用——实践动手

1. 尝试拆装闹钟，观察其所用齿轮传动的类型及所用轮系的类型。

2. 如图 3-21 所示，试着拆装普通车床主轴箱，仔细观察并回答下列问题：

（1）该主轴箱中用到的齿轮传动类型有哪几种？

（2）判断该主轴箱中用到的轮系类型，并说出其特点及组成。

图 3-21　普通车床

第四单元
机械是如何制造的

机械（英文名称：Machinery）是机器与机构的总称。机械种类繁多，包括各种动力机械、起重运输机械、农业机械、冶金矿山机械、化工机械、纺织机械、机床、工具、仪器仪表及其他机械设备等。机械都是由机械零件组成的（图4-1）机械制造业为整个国民经济提供技术装备，其发展水平是国家工业化程度的主要标志之一。

a) 机器人

b) 机械手组成零件

图 4-1　先进的机器人

机械加工分为热加工和冷加工两个范畴，冷加工是指在不改变材料性质的基础上改变材料的形状以达到所希望的几何形状要求，如车、铣、刨、磨、冷压、弯曲等；热加工是通过加热或化学处理来改变材料的性质以达到所希望的零件性能要求，如硬度、强度、耐磨性、表面外观的性质等，它包括热处理、铸造、锻造及热成形等工艺。

本单元主要介绍常用机械加工方法——车削、铣削、磨削、压力加工等冷加工方法和铸造、锻造、焊接、热处理等热加工方法。通过学习，了解机械冷加工和热加工采用的机床、刀具及适用范围等。

第一节　机械冷加工

学习目标

1. 了解常用的机械冷加工方法。
2. 了解车削、铣削加工方法的加工设备及加工范围。
3. 了解其他钳工加工和特种加工方法。

教学情景

大家知道图 4-2 所示的各种机械零件是如何制造出来的吗？

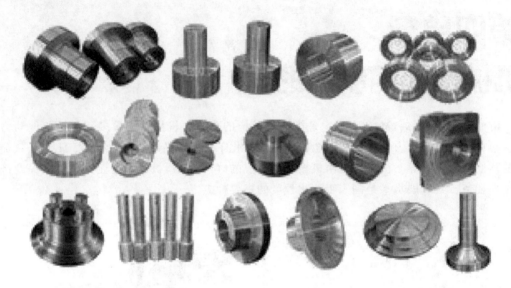

图 4-2　常见的机械零件

教学内容

一、车削加工

1. 定义

车削加工是指在车床上利用工件的旋转运动以及刀具的直线或曲线运动来改变工件毛坯的形状和尺寸，以加工出符合图样要求的零件。车削是最基本、常见的切削加工方法，在生产中占有十分重要的地位。

2. 加工内容

车削加工主要是加工带有旋转表面的零件，加工范围很广，加工内容包括车内外圆柱面、车端面、切槽、切断、车螺纹等，如图 4-3 所示。

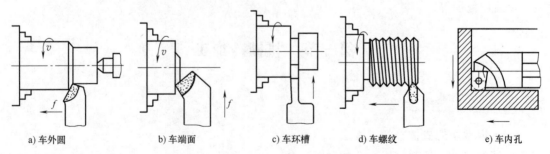

a) 车外圆　　　　b) 车端面　　　　c) 车环槽　　　　d) 车螺纹　　　　e) 车内孔

图 4-3　车削加工内容

3. 车刀

车刀是切削加工中使用最广的刀具之一。车刀由刀头和刀杆两部分组成，车刀按结构可分为整体车刀、焊接车刀、机夹车刀、可转位车刀和成形车刀，如图 4-4 所示。其中可转位车刀的应用日益广泛，在车刀中所占比例逐渐增加。

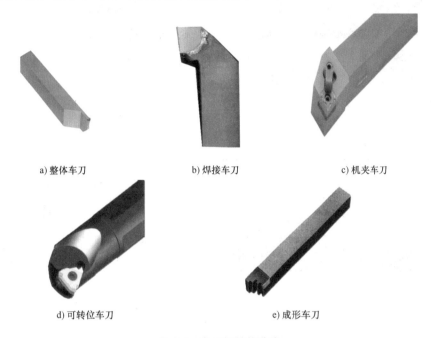

a) 整体车刀　　　　　　　b) 焊接车刀　　　　　　　c) 机夹车刀

d) 可转位车刀　　　　　　　e) 成形车刀

图 4-4　车刀按结构分类

车刀按用途可分为外圆车刀、端面车刀、螺纹车刀、车槽刀和内孔车刀等，如图 4-5 所示。

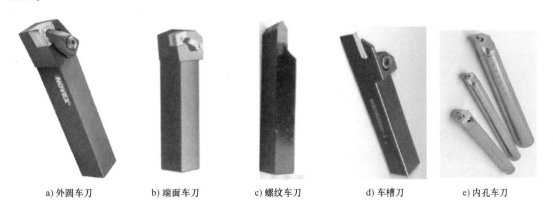

a) 外圆车刀　　　b) 端面车刀　　　c) 螺纹车刀　　　d) 车槽刀　　　e) 内孔车刀

图 4-5　车刀按用途分类

4. 常用车床

车床是主要用车刀对旋转的工件进行车削加工的机床。常用车床有卧式车床、立式车床、转塔车床、数控车床和仿形车床，如图 4-6 所示。

a) 卧式车床

b) 立式车床

c) 转塔车床

d) 数控车床

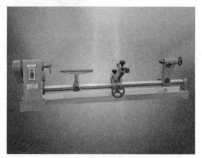

e) 仿形车床

图 4-6　常用车床的类型

5. 特点及应用

车削加工易于保证工件各加工面的位置精度；切削过程较平稳，允许采用较大的切削用量，高速切削，有利于生产率的提高；车刀制造、刃磨和安装均方便；适用于非铁金属零件的精加工。

车削加工主要加工轴、套、盘类工件和其他具有回转表面的工件，是机械制造和修配工厂中使用最广泛的一类加工。

请思考图 4-7 所示离合器零件，哪些表面可以通过车削加工获得？

图 4-7　离合器零件

二、铣削加工

1. 定义

铣削是指使用旋转的多刃刀具切削工件。铣削一般在铣床或镗床上进行，适用于加工平面、沟槽、各种成形面（如花键、齿轮、螺纹）和模具的特殊形面等。

2. 加工内容

铣削加工内容广泛，包括加工平面、沟槽、台阶、圆柱孔、角度槽等，如图 4-8 所示。

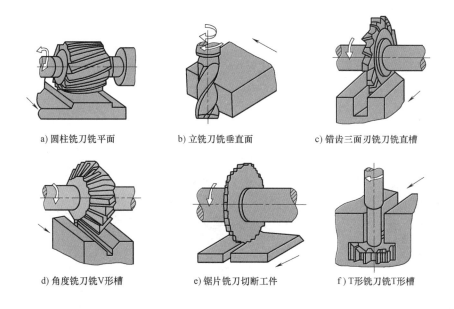

a) 圆柱铣刀铣平面　　　　b) 立铣刀铣垂直面　　　　c) 错齿三面刃铣刀铣直槽

d) 角度铣刀铣V形槽　　　　e) 锯片铣刀切断工件　　　　f) T形铣刀铣T形槽

图 4-8　铣削加工内容

3. 铣刀

铣刀是用于铣削加工、具有一个或多个刀齿的旋转刀具。工作时各刀齿依次间歇地切去工件的余量。常见铣刀有圆柱形铣刀、立铣刀、三面刃铣刀、角度铣刀、锯片铣刀和 T 形槽铣刀，如图 4-9 所示。

a) 圆柱形铣刀　　　　　b) 立铣刀　　　　　c) 三面刃铣刀

d) 角度铣刀　　　　　e) 锯片铣刀　　　　　f) T形槽铣刀

图 4-9　常用铣刀

4. 常用铣床

铣床是指用铣刀对工件多种表面进行加工的机床。常见铣床有卧式铣床、立式铣床、龙门铣床、平面铣床、滑枕式铣床和悬臂式铣床，如图 4-10 所示。

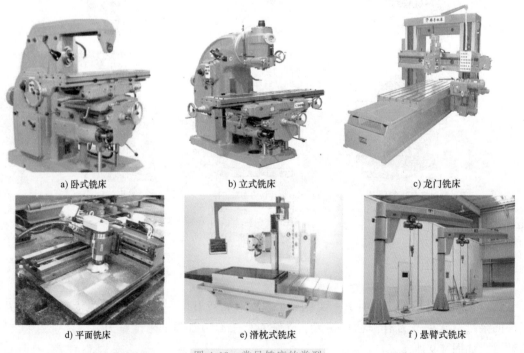

a) 卧式铣床　　　　　b) 立式铣床　　　　　c) 龙门铣床

d) 平面铣床　　　　　e) 滑枕式铣床　　　　　f) 悬臂式铣床

图 4-10　常见铣床的类型

5. 特点及应用

铣削加工采用多刃刀具加工，切削刃轮替切削，刀具冷却效果好，刀具寿命长；加工生产率高、加工范围广，具有较高的加工精度，特别适用于模具等形状复杂的组合体零件的加工，在模具制造等行业中占有非常重要的地位。

请思考图 4-11 所示凹模固定板零件哪些表面可以通过铣削加工获得？

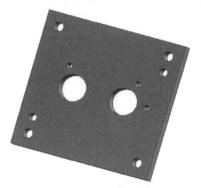

图 4-11　凹模固定板零件

三、其他冷加工方法

1. 刨削

（1）定义　刨削加工是采用刨刀对工件做水平往复直线运动的切削加工方法，主要用于零件的外形加工。刨削是单件小批量生产中平面加工常用的加工方法。

（2）加工内容　可加工垂直、水平的平面，还可加工 T 形槽、V 形槽、燕尾槽等，如图 4-12 所示。

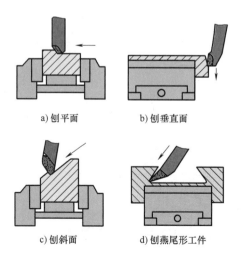

a) 刨平面　　　　　b) 刨垂直面

c) 刨斜面　　　　　d) 刨燕尾形工件

图 4-12　刨削加工内容

（3）常用刨床　刨削可在牛头刨床或龙门刨床上进行，如图 4-13 所示。

a) 牛头刨床　　　　　　　　　　b) 龙门刨床

图 4-13　常用刨床

（4）特点及应用　刨削加工通用性好、生产率低、加工精度不高，但刨削所需的机床、刀具结构简单，制造安装方便，调整容易，通用性强，因此在单件、小批生产中特别是狭长平面加工时广泛应用。

2. 磨削

（1）定义　磨削指用磨料、磨具切除工件上多余材料的加工方法。磨削加工是应用较为广泛的材料去除方法之一。

（2）加工内容　可加工外圆、内孔和平面等，如图 4-14 所示。

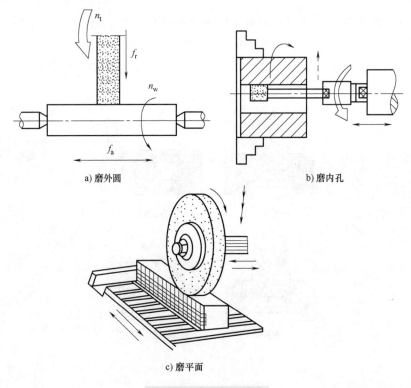

a) 磨外圆　　　　　　　　　　b) 磨内孔

c) 磨平面

图 4-14　磨削加工内容

（3）常用磨床 常用磨床有外圆磨床、内圆磨床、坐标磨床、无心磨床和平面磨床，见表4-1。

表4-1 常用磨床

磨床类型	示意图	说明
外圆磨床	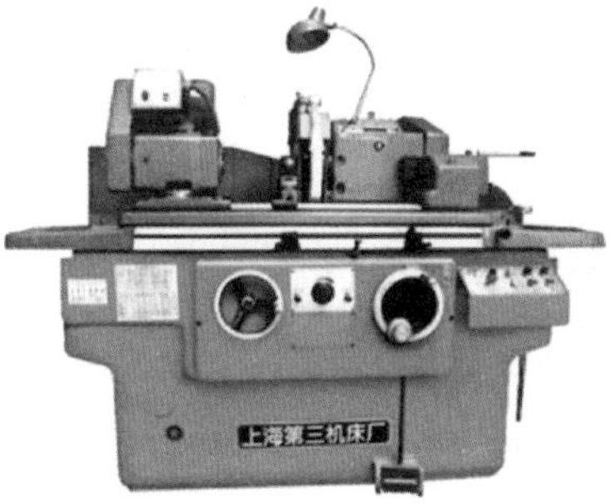	它是普通型的基型系列，主要用于磨削圆柱形和圆锥形工件外表面
内圆磨床		它是普通型的基型系列，主要用于磨削圆柱形和圆锥形工件内表面
坐标磨床	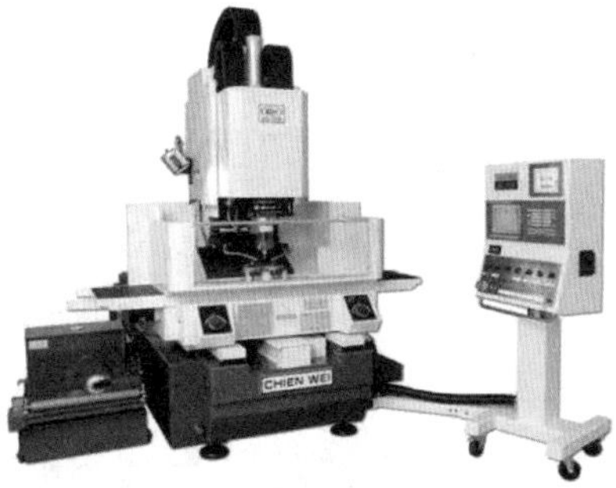	它是具有精密坐标定位装置的内圆磨床
无心磨床		工件采用无心夹持，一般支承在导轮和托架之间，由导轮驱动工件旋转，主要用于磨削圆柱形工件表面

（续）

磨床类型	示　意　图	说　明
平面磨床	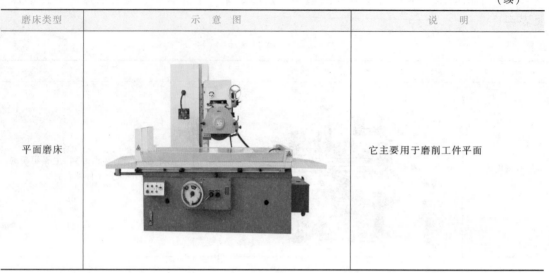	它主要用于磨削工件平面

（4）特点及应用　磨削加工速度很高，可以获得较高的加工精度和很小的表面粗糙度值，它不但可以加工软材料，如未淬火钢、铸铁等，而且还可以加工淬火钢及其他刀具不能加工的硬质材料，如瓷件、硬质合金等。磨削常用于加工各种工件的内外圆柱面、圆锥面和平面，以及螺纹、齿轮和花键等特殊、复杂的成形表面。

3. 钳工

（1）定义　钳工是以手工操作为主，使用各种工具完成零件加工、机械设备装配和维修等工作的工种。钳工是机械制造中最古老的金属加工技术。

（2）加工内容　钳工作业主要包括錾削、锉削、锯割、划线、钻孔、铰削、攻螺纹和套螺纹、刮削、研磨、矫正、弯曲和铆接，如图4-15所示。

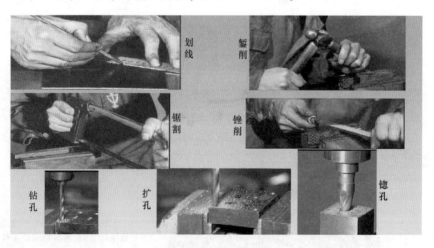

图 4-15　钳工加工内容

（3）常用设备　钳工常用设备有钳工工作台、台虎钳、砂轮机、台式钻床、立式钻床和摇臂钻床，如图4-16所示。

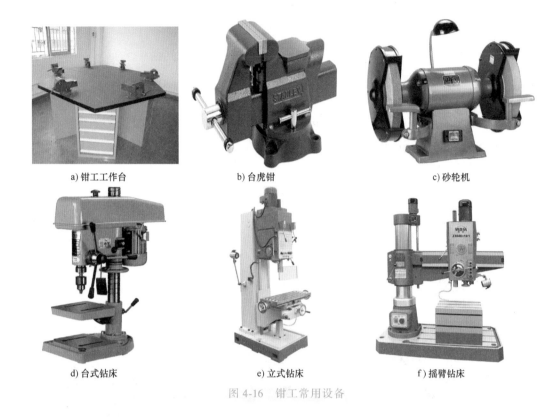

a) 钳工工作台　　b) 台虎钳　　c) 砂轮机

d) 台式钻床　　e) 立式钻床　　f) 摇臂钻床

图 4-16　钳工常用设备

（4）特点及应用　钳工加工灵活，可加工形状复杂和高精度的零件，投资小，但生产效低，劳动强度大，加工质量不稳定。钳工一般用于制造、修理和维护各种工具、夹具、量具、模具和各种专业设备。

1. 归纳刨削的加工范围。

2. 了解其他冷加工方法的应用。

知识运用——实践动手

想一想图 4-17 所示零件采用何种加工方式进行加工？并制订加工方案。

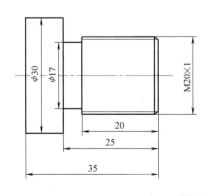
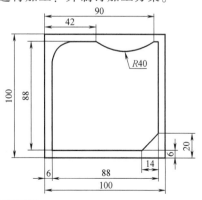

图 4-17　零件图

第二节　机械热加工

学习目标

1. 了解铸造、锻造的加工方法及应用范围。
2. 了解铸造、锻造的加工特点。
3. 了解焊接及热处理方法的分类。

教学情景

大家见过图 4-18 所示热加工产品吗？这些结构是如何完成的？

a) 青铜器　　　　　　　b) 铜鼎　　　　　　　c) 国家体育场(鸟巢)

图 4-18　热加工产品

热加工是指在高于再结晶温度的条件下使金属材料同时产生塑性变形和再结晶的加工方法。热加工通常包括铸造、热轧、锻造和金属热处理等工艺，有时也将焊接、热切割、热喷漆列入热加工。

教学内容

一、铸造

1. 定义

铸造是将金属熔炼成符合一定要求的液体并浇进铸型里，经冷却凝固、清整处理后得到有预定形状、尺寸和性能的铸件的工艺过程。铸造毛坯因近乎成型，达到免机械加工或少量加工的目的，从而降低了成本，并在一定程度上减少制作时间。铸造是现代装置制造工业的基础工艺之一。

2. 分类

铸造按造型方法分，习惯上分为砂型铸造和特种铸造两大类，其零件如图 4-19 所示。其中砂型铸造包括湿砂型、干砂型和化学硬化砂型三类；特种铸造按造型材料又可分为以天然矿产砂石为主要造型材料的特种铸造和以金属为主要铸型材料的特种铸造两类。

a) 砂型铸造的零件　　　　　　　　　　　b) 特种铸造的零件

图 4-19　铸造的零件

3. 特点及应用

铸造是常用的制造方法，其主要优点是投资小，生产周期短，技术过程中灵活性大，能制造形状复杂的零件；其缺点是铸件内部组织疏松、晶粒粗大，易产生缩孔、缩松、气孔等缺陷，铸件外部易产生粘砂、夹砂、砂眼等。

铸造是工业的基础，铸造技术水平的高低成为衡量一个国家制造业水平的重要标志。铸造在机械制造中占有很大的比重，其应用范围主要有以下几方面，如图 4-20 所示。

a) 箱体零件　　　　　　　　　　b) 壳体零件　　　　　　　　　　c) 机床床身

d) 机床底座　　　　　　　　e) 球磨机的磨球　　　　　　　f) 钛合金铸造航天器叶片

图 4-20　铸造的应用

1) 形状复杂的零件，特别是具有复杂内腔的零件，如箱体、壳体。
2) 尺寸大、质量大的零件，如床身。
3) 力学性能要求不高的零件，或主要承受压应力作用的零件，如底座。

4）特殊性能要求的零件，如球磨机的磨球。

5）铸造过程的计算机模拟：随着计算机技术的发展及各种商业化软件的广泛应用，计算机模拟仿真技术（CAE）在航天企业的零部件铸造项目过程中得到了普遍使用，如钛合金铸造航天器叶片。

二、锻造

1. 定义

锻造是利用锻压机械对金属坯料施加压力，使其产生塑性变形以获得具有一定力学性能、形状和尺寸的锻件的加工方法，是锻压（锻造与冲压）的两大组成部分之一。

2. 分类

锻造的种类很多，根据锻造温度，锻造分为热锻、温锻和冷锻。钢的开始再结晶温度约为727℃，普遍采用800℃作为划分线，高于800℃的锻造是热锻；在300~800℃之间的锻造称为温锻或半热锻；在室温下进行的锻造称为冷锻。大多数行业的锻件多是热锻，温锻和冷锻主要用于汽车、通用机械等零件的锻造，温锻和冷锻可以有效地节省材料。锻造的分类如图 4-21 所示。

a) 热锻　　　　　　　　　　　b) 温锻　　　　　　　　　　c) 冷锻

图 4-21　锻造按锻造温度分

根据成形机理，锻造分为自由锻、模锻、碾环和特殊锻造，见表 4-2。

表 4-2　锻造按成形机理分

类 型	示 意 图	说 明
自由锻		自由锻是以生产批量不大的锻件为主，采用锻锤、液压机等锻造设备对坯料进行成形加工，以获得合格的锻件。采用自由锻生产的锻件称为自由锻件。自由锻采取的都是热锻方式

（续）

类型	示意图	说明
模锻		模锻是金属坯料在具有一定形状的锻模膛内受压变形而获得锻件，模锻一般用于生产重量不大、批量较大的零件。模锻可分为热模锻、温锻和冷锻。温锻和冷锻是模锻的未来发展方向，也代表了锻造的技术水平
碾环		碾环是通过专用设备碾环机生产不同直径的环形零件，也用于生产汽车轮毂、火车车轮等环形零件
特殊锻造	 a) 辊锻 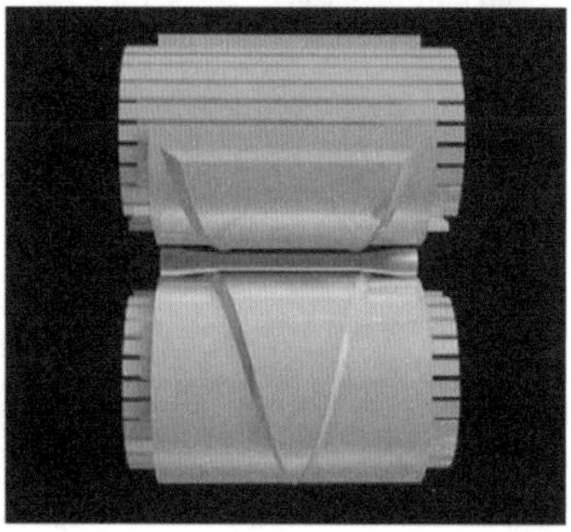 b) 楔横轧	特种锻造包括辊锻、楔横轧、径向锻造、液态模锻等锻造方式，这些方式适用于生产某些特殊形状的零件 如图 a 所示辊锻可以作为有效的预成形工艺，可大幅降低后续的成形压力；图 b 所示楔横轧可以生产钢球、传动轴等零件

（续）

类 型	示 意 图	说 明
特殊锻造	c) 径向锻造 d) 液态模锻	图 c 所示径向锻造可以生产大型的炮筒、台阶轴等锻件；图 d 所示液态模锻是在压力机或挤压铸造机上进行的，可大大减轻人的劳动强度，改善车间的生产环境便于实现机械化和自动化

3. 特点及应用

锻造可改善金属的内部组织，提高金属的力学性能；具有较高的劳动生产率；适应范围广，质量小至不足 1kg、大至数百吨的锻件均可锻造；既可进行单件、小批量生产，又可进行大批量生产；但是不能锻造形状复杂的锻件。

锻造广泛应用于冶金、矿山、汽车、拖拉机、石油、化工、航空、航天、兵器等各个工业领域，如图 4-22 所示。

a) 1.6万t水压机

b) 1.85万t油压机成功锻造438t特大型钢锭

图 4-22　锻造加工的应用

c) 锻造墩粗生产场景   d) 古代通过锻造方法制造的各种兵器

图 4-22 锻造加工的应用（续）

三、其他热加工方法

1. 焊接

（1）定义　焊接也称为熔接或镕接，是一种以加热、高温或者高压的方式接合金属或其他热塑性材料如塑料的制造工艺及技术。焊接操作如图 4-23 所示。

图 4-23 焊接

（2）分类　金属的焊接，按其工艺过程的特点分有熔焊、压焊和钎焊三大类，见表 4-3。

表 4-3 焊接的分类

类型	示 意 图	特点说明
熔焊		熔焊是指焊接过程中，将焊接接头在高温等作用下至熔化状态。由于被焊工件是紧密贴在一起的，在温度场、重力等作用下，不加压力，两个工件熔化的融液会发生混合现象。待温度降低后，熔化部分凝结，两个工件就被牢固地焊在一起，以完成焊接。它适用于各种金属和合金的焊接加工

（续）

类型	示意图	特点说明
压焊		压焊是指利用焊接时施加一定压力而完成焊接的方法，压焊又称压力焊。锻焊、接触焊、摩擦焊、气压焊、冷压焊、爆炸焊属于压焊范畴。它适用于各种金属材料和部分非金属材料的加工
钎焊		钎焊是指低于焊件熔点的钎料和焊件同时加热到钎料熔化温度后，利用液态钎料填充固态工件的缝隙使金属连接的焊接方法。根据钎料熔点的不同，钎焊又分为硬钎焊和软钎焊。它适用于各种材料的焊接加工，也适用于不同金属或异类材料的焊接加工

（3）常用焊机　常用焊机有台式冷焊机和钎焊机如图 4-24 所示。

a) 台式冷焊机　　　　　　　b) 钎焊机

图 4-24　焊机

2. 热处理

（1）定义　热处理是指金属材料在固态下，通过加热、保温和冷却的手段，改变材料表面或内部的化学成分与组织，获得所需性能的一种金属热加工工艺。热处理工艺一般包括加热、保温、冷却三个过程，有时只有加热和冷却两个过程。这些过程互相衔接，不可间断。热处理工艺曲线如图 4-25 所示。

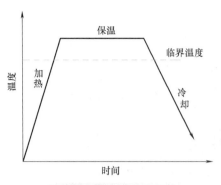

图 4-25　热处理工艺曲线

（2）分类　金属热处理工艺可分为整体热处理和表面热处理两大类。

1）整体热处理：对工件整体进行穿透加热的热处理工艺。常用的有退火、正火、淬火和回火，见表 4-4。退火、正火、淬火和回火称为整体热处理中的"四把火"，其中淬火与回火关系密切，常常配合使用，缺一不可。

表 4-4　整体热处理工艺

工艺分类	示意图	说明
退火		退火是将工件加热到适当温度，根据材料和工件尺寸采用不同的保温时间，然后缓慢冷却，目的是使金属内部组织达到或接近平衡状态，以获得良好的工艺性能和使用性能，为进一步淬火做组织准备
正火		正火是将工件加热到适宜的温度后在空气中冷却，正火的效果与退火相似，只是得到的组织更细，常用于改善材料的切削性能，有时用于对一些要求不高的零件作为最终热处理

（续）

工艺分类	示　意　图	说　　明
淬火		淬火是将工件加热保温后,在水、油或其他无机盐、有机水溶液等淬冷介质中快速冷却。淬火后钢件变硬,但同时变脆
回火	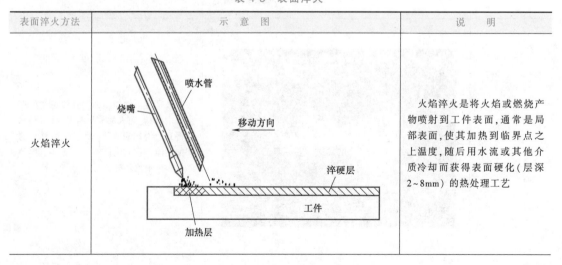	为了降低钢件的脆性,将淬火后的钢件在高于室温而低于710℃的某一适当温度进行长时间的保温,再进行冷却,这种工艺称为回火

　　2）表面热处理：仅对工件表层进行热处理以改变其组织和性能的工艺。常用的表面热处理是表面淬火和化学热处理。

　　① 表面淬火：主要方法有火焰淬火和感应淬火，见表4-5。

表4-5　表面淬火

表面淬火方法	示　意　图	说　　明
火焰淬火	喷水管 烧嘴 移动方向 淬硬层 工件 加热层	火焰淬火是将火焰或燃烧产物喷射到工件表面,通常是局部表面,使其加热到临界点之上温度,随后用水流或其他介质冷却而获得表面硬化(层深2~8mm)的热处理工艺

（续）

表面淬火方法	示　意　图	说　　明
感应淬火	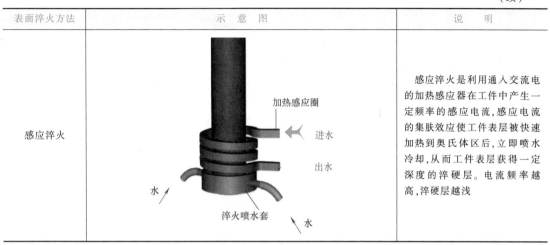	感应淬火是利用通入交流电的加热感应器在工件中产生一定频率的感应电流,感应电流的集肤效应使工件表层被快速加热到奥氏体区后,立即喷水冷却,从而工件表层获得一定深度的淬硬层。电流频率越高,淬硬层越浅

　② 化学热处理：将工件置于一定温度的活性介质中保温，使一种或几种元素渗入它的表面，以改变其化学成分、组织和性能的热处理工艺。常用的工艺有渗碳、渗氮和碳氮共渗，应用较广的渗碳工艺主要采用固体渗碳法和气体渗碳法，如图 4-26 所示，其中气体渗碳法应用较为广泛。

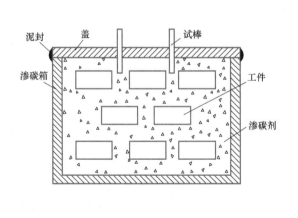

a) 固体渗碳法

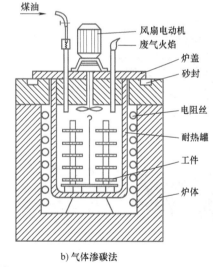

b) 气体渗碳法

图 4-26　渗碳方法

了解其他热加工方法的应用。

知识运用——实践动手

　观看热加工视频，进一步了解各种加工方法的过程。

第五单元
先进制造技术

　　由于现代科学技术的迅猛发展，机械工业、电子工业、航空航天工业、化学工业等，尤其是国防工业部门要求新科学技术产品向高精度、高速、大功率、小型化方向发展，以及在高温、高压、重载荷或腐蚀环境下长期有效的工作。要解决这一系列问题，仅仅依靠传统制造方法很难实现，有些甚至无法实现。在生产的迫切需求下，人们不断研究和探索新的加工方法和手段。

　　目前，先进制造技术已经是一个国家经济发展的重要手段之一，许多发达国家十分重视先进制造技术的水平和发展，利用它进行产品革新、扩大生产和提高国家经济竞争能力，尤其体现在飞机、汽车的制造中，如图 5-1 所示。

a) 飞机虚拟制造

b) 汽车自动化制造

图 5-1　先进制造技术的应用

　　先进制造技术是在传统制造技术的基础上不断吸收机械、电子、信息、能源、材料以及现代管理技术等方面的成果，并将其综合应用于产品设计、制造、检测、管理、销售、使用、服务乃至回收的全过程，以实现优质、高效、低耗及灵活生产，提高对动态多变市场的适应能力和竞争能力并取得理想经济效果的制造技术的总称。

　　本单元主要介绍数控加工和虚拟制造两种先进制造技术。通过学习，了解数控加工、虚拟制造技术的概念和特点，能说出生产生活中先进制造技术的具体应用。

第一节 数控加工

学习目标

1. 说出数控机床的种类及特点。
2. 掌握柔性制造系统的组成。
3. 了解柔性制造系统的应用。

教学情景

大家见过图 5-2 所示的机械产品吗？讨论这些产品是使用哪种机床加工出来的？

a) 葫芦

b) 箱体零件

c) 叶轮

图 5-2 机械产品

教学内容

一、数控机床的种类及特点

1. 数控机床的种类

数控机床的种类很多，通常有以下两种分类方法：

（1）按控制功能分类 数控机床按控制功能可分为点位控制数控机床、直线控制数控机床和轮廓控制数控机床三种，见表 5-1。

表 5-1 数控机床的分类（按控制功能分）

类型	示意图	特点
点位控制数控机床		点位控制数控机床仅能控制两个坐标轴，实现刀具或工作台从一个点到另一个点的精确定位运动；对轨迹不做控制要求；运动过程中不进行任何加工

（续）

类型	示意图	特点
直线控制数控机床	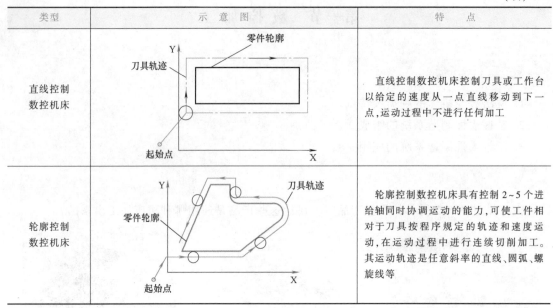	直线控制数控机床控制刀具或工作台以给定的速度从一点直线移动到下一点,运动过程中不进行任何加工
轮廓控制数控机床		轮廓控制数控机床具有控制 2~5 个进给轴同时协调运动的能力,可使工件相对于刀具按程序规定的轨迹和速度运动,在运动过程中进行连续切削加工。其运动轨迹是任意斜率的直线、圆弧、螺旋线等

（2）按工艺用途分类 数控机床按工艺用途可分为切削加工类数控机床、金属成形类数控机床和特种加工类数控机床三种。

1）切削加工类数控机床：金属切削机床是用于制造机械的机器，也是能制造机床自身的机器。金属切削机床品种和规格繁多，不同的机床构造不同，加工工艺范围、加工精度和表面质量、生产率和经济性、自动化程度和可靠性等都不同，它可分为普通型数控机床和加工中心两类。

① 普通型数控机床：这些机床的运动或动作都是数字自动化控制，具有较高的生产率和自动化程度，如数控车床、数控磨床、数控镗床等，如图 5-3 所示。

a) 数控车床

b) 数控磨床

c) 数控镗床

图 5-3　普通型数控机床

② 加工中心：它是一种带有自动换刀装置，能进行铣削、钻孔、镗削加工的复合型数控机床。加工中心又分为车削中心、磨削中心等，还实现了在加工中心上增加交换工作台以及采用主轴或工作台进行立、卧转换的五面体加工中心，如图 5-4 所示。

a) 立式加工中心

b) 卧式加工中心

图 5-4　加工中心

2）金属成形类数控机床：指采用挤压、冲压、拉伸等成形工艺的数控机床。常用的有数控折弯机、数控弯管机、数控旋压机，如图 5-5 所示。

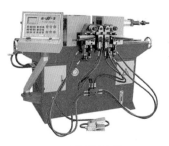
a) 数控折弯机

b) 数控弯管机

c) 数控旋压机

图 5-5　金属成形类数控机床

3）特种加工类数控机床：主要有数控电火花线切割机、数控电火花成形机、数控激光加工机等，如图 5-6 所示。

a) 数控电火花线切割机

b) 数控电火花成形机

c) 数控激光加工机

图 5-6　特种加工类数控机床

2．数控机床的加工特点

数控机床主要用于加工批量小，需多次生产；几何形状复杂；加工过程中进行多种加工；切削余量大；加工精度高；工艺经常变化；需全部检测的零件。

说出数控机床的种类及特点。

二、柔性制造系统

柔性制造系统（Flexible Manufacturing System，FMS）是建立在成组技术的基础上，由计算机控制的自动化生产系统，可同时加工形状相近的一组或一类产品，如图 5-7 所示。它适合多品种、小批量的高效制造模式，减少毛坯在制品的库存量，减少直接劳动力。

图 5-7　柔性制造系统

柔性制造系统由多工位数控加工系统、自动化物料运储系统和计算机控制信息系统三个部分组成，见表 5-2。

表 5-2　柔性制造系统的组成

组成	说　明
多工位数控加工系统	多工位数控加工系统包括两台或两台以上的数控机床、加工中心或柔性制造单元(一般多为加工中心)，以及其他辅助加工设备,如测量机
自动化物料运储系统	自动化物料运储系统包括上下料托盘、传送带、自动运输小车、工业机器人、自动化仓库系统等
计算机控制信息系统	计算机控制信息系统包括各级计算机、网络、接口、数据库等,能够对 FMS 进行运行控制、刀具管理、质量控制和数据管理

图 5-8 所示是一个比较完善的柔性制造系统平面布置图，系统包括组合铣床、车削加工中心等 8 台机床。整个系统由计算机控制，组合夹具的拼装及工件在托盘上的装夹需由手工完成。

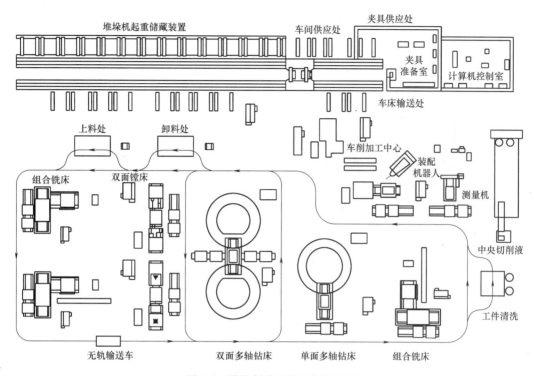

图 5-8　柔性制造系统平面布置图

知识运用——实践动手

　　实训中心现有加工中心 6 台，数控铣床 1 台，清洗装置 1 台，数控自动测量机 1 台，搬运设备 1 套，如图 5-9 所示，制作变速箱箱体的柔性制造系统平面布置图。

图 5-9　变速箱箱体

第二节　虚拟制造技术

学习目标

　1. 说出虚拟制造技术的特点及应用。

　2. 了解其他先进制造技术的应用。

教学情景

图 5-10 所示为应用虚拟制造技术模拟轮式装载机工作过程，请同学们思考应用虚拟制造技术有什么优势？

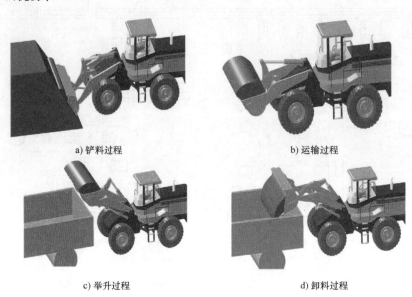

a) 铲料过程   b) 运输过程

c) 举升过程   d) 卸料过程

图 5-10 轮式装载机工作过程

教学内容

虚拟制造技术（Virtual Manufacturing Technology，VMT）是以虚拟现实和仿真技术为基础，对产品的设计和生产过程统一建模，在计算机上实现产品从设计、加工、装配、检验到使用这整个生命周期的模拟和仿真。

一、虚拟制造技术的特点

虚拟制造技术的特点是高度集成、敏捷灵活及分布合作，见表 5-3。

表 5-3 虚拟制造技术的特点

特点	说　　明
高度集成	虚拟制造技术综合运用系统工程、知识工程、并行工程和人机工程等多学科先进技术，实现信息集成、知识集成、串并行交错工作机制集成和人机集成
敏捷灵活	虚拟制造技术开发的产品可存放在计算机里，能根据用户需求或市场变化快速改型设计，快速投入批量生产
分布合作	虚拟制造技术可使分布在不同地点、不同部门的不同专业人员在同一个产品模型上同时工作，相互交流，信息共享，从而快捷、优质地响应市场变化

二、虚拟制造技术的应用

虚拟制造技术在制造业中的应用十分广泛，见表 5-4。

表 5-4 虚拟制造技术的应用

应用场合	图 例	特 点
产品虚拟设计	 汽车外形设计	可随时修改和评测设计方案,在复杂系统的布局设计中,通过虚拟制造技术直观地进行设计,避免可能出现的干涉和其他不合理问题。左图为虚拟制造技术在汽车外形设计中的应用
产品虚拟加工	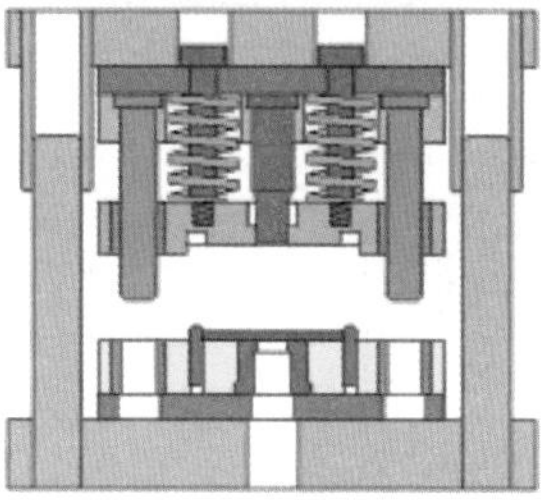 a) 冲压 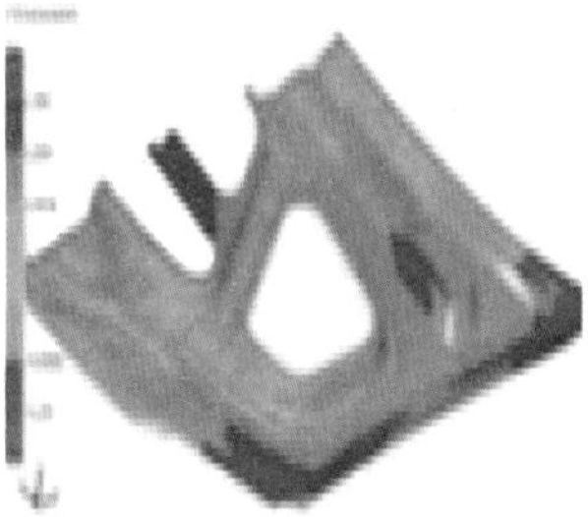 b) 仿真 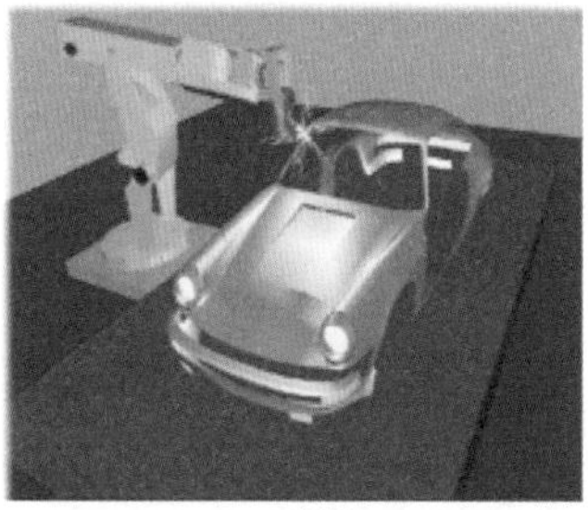 c) 焊接  d) 装配	在加工过程中,通过仿真与分析,处理产品设计的合理性、可加工性、加工方法的选用等问题。左图为汽车的虚拟制造过程,先进行零件的冲压,同时对零件进行仿真,接着进行零件的焊接,最后完成汽车的装配

（续）

应用场合	图 例	特 点
产品功能虚拟	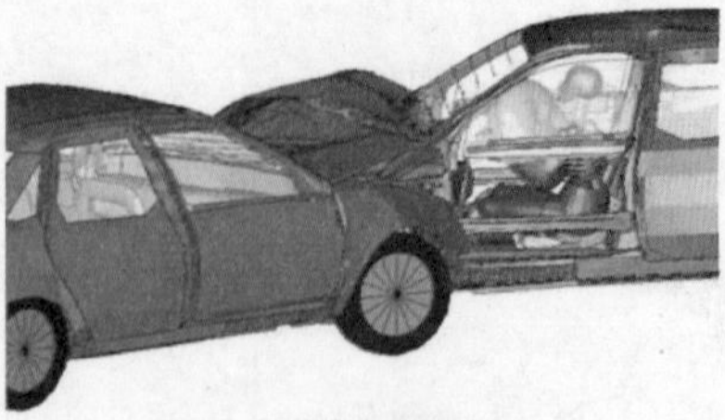 汽车碰撞安全性分析	产品虚拟设计完成后,需对产品功能进行虚拟验证。产品功能虚拟是将模型置于虚拟环境中进行仿真和分析,通过分析可显示出产品的工作过程和工作性能,方便操作者直观地进行工作性能的检查。左图为汽车碰撞安全性分析
虚拟生产平台	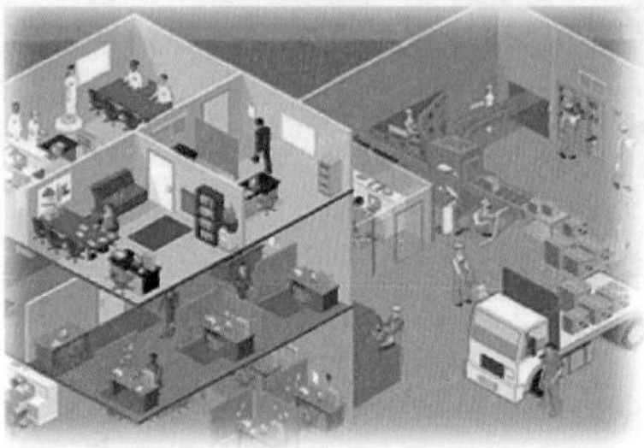 汽车制造的虚拟生产平台	虚拟生产平台是从用户订货、产品创新及设计、零部件生产、总成装配、销售乃至售后服务全过程中各个环节都进行协同仿真,为虚拟企业动态集成提供支持。左图为汽车制造的虚拟生产平台

说出虚拟制造的概念，了解虚拟制造技术的应用。

知识运用——实践动手

制作其他先进制造技术的 PPT，并示范讲解。

第六单元
机械人的精神

机械人在实现中国梦的建设性工作中既需要有恒心与耐心，又需要有创新意识和进取心。坚守与创新、传承与探索共同铸就了工匠精神。

本单元结合实例讲述了作为机械人应具备的工匠精神，同时对"工业4.0"（图6-1）和"中国制造2025"做了简单介绍。通过学习，了解工匠精神和世界工业发展历程，能说出"工业4.0"及其三大主题和"中国制造2025"的真正意义。

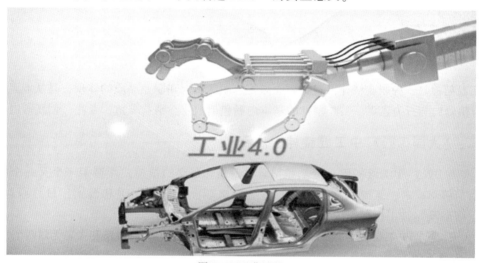

图6-1 工业4.0

第一节 工匠精神——大国工匠

🔄 学习目标

1. 了解并理解工匠精神。
2. 说出自己的学习目标及职业规划。

🔄 教学情景

图6-2所示为2014年北京APEC会议期间，各国元首收到的一份来自中国的国礼。这份中国的国礼取名为"和美"，是放于一个金色盘子里的一条色泽晶莹的"白丝巾"。这条白丝巾没人能够将它抓起来，这是由于丝巾的褶皱看上去很清晰，不少人误以为这是一条真丝巾，其

实它是用近 1kg 的银板采用勾、采、落、压、丝等纯手工錾刻手法而成的工艺品。

图 6-2　国礼"和美"

一、工匠精神

工匠精神是一种职业精神，它是职业道德、职业能力和职业品质的体现，是从业者的一种职业价值取向和行为表现。工匠精神的基本内涵包括敬业、精益求精、专注、创新等内容。

二、《大国工匠》中工匠精神的内涵

《大国工匠》中工匠们依靠传承和钻研，专注和坚守的精神，缔造了一个又一个的"中国制造"精彩故事，工匠们在平凡岗位上，追求职业技能的完美和极致，最终脱颖而出，跻身"国宝级"技工行列，成为该领域不可或缺的人才。

《大国工匠》中工匠精神主要体现在大勇不惧、大术无极、大技贵精和大道无疆四个方面。

1. 大勇不惧

工匠精神之大勇不惧见表 6-1。

表 6-1　工匠精神之大勇不惧

图　　例	说　　明
a) 隧道爆破现场	川藏铁路属于国家"十三五"规划的重点项目，铺设难度达到新的世界之最，仅一条雅鲁藏布江就要被这条铁路横渡 16 次；它更是世界上平均海拔最高的铁路，属地震多发区，在这样的地质构造带上挖隧道，需在隧道内爆破面开炮孔，爆破面上通常有几十个炮孔，每个炮孔中的引爆雷管都要按照顺序爆炸，巨大的爆破声冲破隧道，浓烟冒出洞口，随后最危险的工作就是走入爆破现场，检查效果和排除可能存在的哑炮（图 a）。大国工匠的担当，如山崖伫立、长松挺身

（续）

图　例	说　明
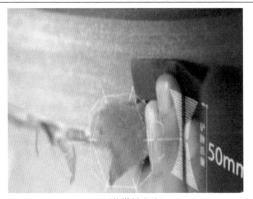 b) 固体燃料微雕	火箭的固体燃料微整形雕刻（图 b），这是固体发动机制造过程中最危险的工序之一。引燃火箭发动机所用的固体推进剂以火药为主，混合几十种特殊组分灌模浇注而成，固化脱模后在表面精度和药量方面与实践需求总会有些差距，要求修整。这个雕刻过程不允许反复打磨刮削，不可逆的操作全靠技师手上的经验感觉，0.5mm 是这种固体火药表面精度所允许的最大误差。火药的微整形处理无法用机器操作，只能经过人手的轻柔细致雕刻来完成，这种火药的雕刻者必须是超凡的心理素质与高超技艺的合体人
 c) 特高压输电线路检修	特高压输电线路检修（图 c）需要在高空行走的同时检查导线有无破损等。检修工要坐在晃动的导线上，一只手抓住导线，另一只手工作，此时检修工身上的全部配备是一根保险索，加上极限化的胆量、意志、体能、耐性、责任心和本行业的技术操作本领，这不是走秀，而是工作

2. 大术无极

工匠精神之大术无极见表 6-2。

表 6-2　工匠精神之大术无极

图　例	说　明
 a) 装甲板焊接	装甲钢板是坦克的第一要件，需焊工把坦克的各种装甲钢板连接为一体。如果焊接过程中焊缝不牢，它们就会成为最容易出现问题的地方，所以焊接质量是坦克装甲板强度的重要保障。坦克车体有八百多条焊缝，要做到 14km 的繁难焊缝无漏点（图 a）

（续）

图　例	说　明
 b) 殷瓦钢内胆	液化天然气体积仅为气态时的 1/600,这样大的比例压缩特别适合于远洋运输,但对运输船的技术要求极高。防止液化天然气泄漏的关键构造是殷瓦钢内胆,内胆壁的厚度是 0.7mm,大约相当于两层鸡蛋壳,并且殷瓦钢非常娇气,手指直接触摸或沾上汗液,都会导致它生锈,这使得操作者每一次登船作业,都是千百倍的小心。对于一位殷瓦钢焊工,最大的挑战就是如何稳定心理状态,整个持续的焊接过程中(图 b)要做到手如拂羽,身如渊渟岳峙,如同大匠境界
 c) 核电站管道焊接	在核电站中密集布设着指向核电站核心部位核反应堆的管道,这些管道如同是连接核电站心脏的血管。出于最重要的核安全考虑,有些核电站的主管道设计管壁厚达 70mm。由于材料结构复杂,焊接难度大,目前只能采用手工焊接。主管道的电焊工很多时候必须在高温炙烤下闷在管道里操作,并要求焊接不能出现任何偏差(图 c)。在完成焊接后焊工要把自己的工号刻到主管道上面,这不仅是一种荣耀,更多的是一种责任

3. 大技贵精

工匠精神之大技贵精见表 6-3。

表 6-3　工匠精神之大技贵精

图　例	说　明
  a) 手工精磨刀具	长征七号火箭是中国载人航天工程为发射货运飞船而研制的新一代运载火箭。在长征七号火箭的总装车间里,数以万计的火箭零部件来自全国各地,它们在这里集结,但有一个部件被特别处理,这就是长征七号火箭的惯性导航组合。惯导器件中每降低 1μm 的变形误差,就能缩小火箭在太空中几千米的轨道误差。1μm 大约是头发丝直径的 1/70,这是目前人类机械加工技术难以靠近的精度,需在高倍显微镜下手工精磨刀具,磨制刀具时需心细如发,所有的功力都汇聚在手上,工匠们的手上积淀着他们的技艺磨砺(图 a)

（续）

图 例	说 明
 b) 潜水器观察窗	2012 年 7 月,中国的蛟龙号深海潜水器来到地球上最深的马里亚纳海沟,这里的深度是 11034m。蛟龙号的观察窗与海水直接接触,面积大约 0.2m² 的窗玻璃此刻承受的压力有 1400t。而观察窗的玻璃与金属窗座是异体镶嵌,需钳工凭着精到丝级的手艺,为其安装特殊的"眼睛"(图 b)。如果二者贴合的精度不够,窗玻璃处就会发生渗漏
 c) 马蹄形盾构机	地铁的修建全靠开凿地下隧道的终极武器——盾构机,2016 年 7 月 17 日,中国马蹄形盾构机(图 c)成功下线,表明中国实现了异型盾构装备生产的全面自主化,也标志着世界异型隧道掘进机研制技术跨入了新阶段

4. 大道无疆

工匠精神之大道无疆见表 6-4。

表 6-4　工匠精神之大道无疆

图 例	说 明
 a) 弹性油箱加工	水电站核心设备弹性油箱的制造工艺非常复杂,加工精度要求异常严格,必须把弹性油箱内圈和外圈的每一处壁厚控制在 7mm 内(图 a)

（续）

图　例	说　明
 b) 零件打磨	有的战机零件因为数量少，加工精度高，难度大，还是需要手工打磨。精湛的锉磨手艺是钳工的必备功夫。歼15舰载机一些高精度的细小零件加工尤为繁琐（图b），一个看似并不起眼的电缆铜接头，需要打出一个1.4mm的小孔。但加工时产生的铜屑总有飞溅残留的概率，这就可能引发电路短路，甚至导致机毁人亡。如何消除铜屑残留，成了关系工作成败的大事。今天，歼15舰载机上，那些担当大任的小零件，是生产者们的智慧与汗水的结晶

 归纳《大国工匠》中体现的工匠精神。

知识运用——实践动手

根据图6-3所示技术要求，制作钳工锤。

 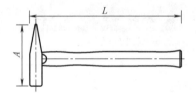

1.锤头采用优质高碳钢锻造经热处理而成。
2.表面又经特殊回火处理，不仅强度高而且耐冲击。
3.锤头和手柄经特殊嵌入工艺处理，不宜脱落。
4.手柄采用胡桃木精加工而成，坚韧且手感舒适。

件号	质量/g	A/mm	L/mm
56-013-23	200	95	280
56-014-23	300	105	300
56-015-23	400	110	310
56-016-23	500	118	320
56-017-23	800	130	350
56-018-23	1000	135	370

图 6-3　钳工锤

第二节　"工业4.0"项目与"中国制造2025"战略

 学习目标

1. 了解世界工业发展历程。

2. 了解"工业4.0"项目及其三大主题。

3. 了解"中国制造2025"战略。

教学情景

图6-4所示为汽车从毛坯到整车制造完成的生产过程，请大家结合"工业4.0"项目和"中国制造2025"战略思考汽车制造的过程中体现其哪些特点？

图6-4 汽车生产制造过程

教学内容

一、"工业4.0"项目

1. 世界工业发展历程

世界工业发展历程见表6-5。

表6-5 世界工业发展历程

时 期	图 例	说 明
第一次工业革命		18世纪60年代从英国发起的技术革命是技术发展史上的一次巨大革命，它开创了以机器代替手工劳动的时代。这不仅是一次技术改革，更是一场深刻的社会变革。从此以后，人类的动力来源由当初的动物或者人转变成蒸汽机和煤炭。这一次技术革命和与之相关的社会关系的变革，被称为第一次工业革命或者产业革命

（续）

时　期	图　例	说　明
第二次 工业革命		第二次工业革命期间自然科学的新发展开始与工业生产紧密结合起来，科学地推动生产力发展。19 世纪 60 年代后期，开始第二次工业革命，人类进入"电气时代"
第三次 工业革命		第三次工业革命最典型的代表是将信息数据化，电脑自动化运行，人们把需要做的事情编写好对应的程序，然后让程序开始运行，代替人们做重复的、易出错的事情。通信的发展让计算机与计算机之间实现远距离的通信、协作。新的通信方式解决了第二次工业革命中有线通信弊端和无线通信弊端。数字信号代替了第二次工业革命时代的模拟信号
第四次 工业革命		"工业 4.0"概念可以称为是以智能制造为主导的第四次工业革命，或革命性的生产方法。该战略旨在通过充分利用信息通信技术和网络空间虚拟系统—信息物理系统（Cyber-Physical System）相结合的手段，将制造业向智能化转型

2. "工业 4.0" 项目主题

"工业 4.0" 项目主要分为三大主题，见表 6-6。

表 6-6 "工业 4.0"项目的三大主题

三大主题	主题名称及示意图	说　明
主题一	 智能工厂	"智能工厂"重点研究智能化生产系统和生产过程,以及网络化分布式生产设施的实现
主题二	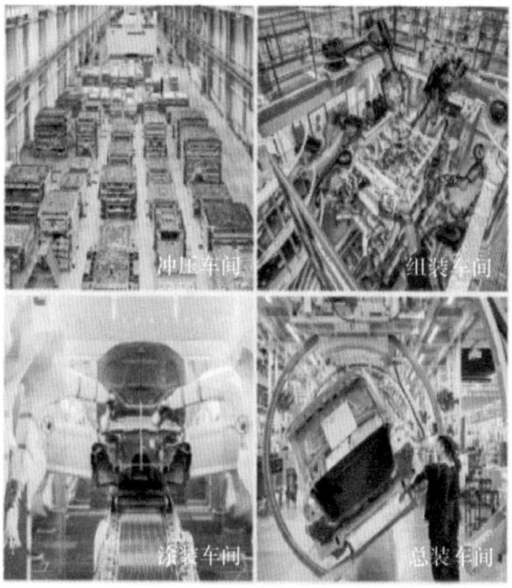 冲压车间　组装车间　涂装车间　总装车间 智能生产	"智能生产"主要涉及整个企业的生产物流管理、人机互动以及 3D 技术在工业生产过程中的应用等。该计划特别注重吸引中小企业的参与,力图使中小企业成为新一代智能化生产技术的使用者和受益者,同时也成为先进工业生产技术的创造者和供应者。左图所示为汽车的智能生产流程:冲压—车身组装—汽车涂装—汽车总装
主题三	 智能物流	"智能物流"主要通过互联网、物联网、物流网,整合物流资源,充分发挥现有物流资源供应方的效率,需求方能够快速获得服务匹配,得到物流支持

二、"中国制造 2025"战略

"中国制造 2025"战略是我国实施制造强国战略第一个十年的行动纲领。《中国制造 2025》提出,坚持创新驱动、质量为先、绿色发展、结构优化和人才为本的基本方针,坚持市场主导、政府引导,立足当前、着眼长远,整体推进、重点突破、自主发展和开放合作的基本原则。

通过"三步走"实现制造强国的战略目标。这"三步走"分别为:第一步,到 2025 年迈入制造强国行列;第二步,到 2035 年中国制造业整体达到世界制造强国阵营中等水平;第三步,到新中国成立一百年时,综合实力进入世界制造强国前列。

在"中国制造 2025"战略的背景下,企业逐步完成自动化改造,但国内制造业总体上仍然是劳动密集型产业,因此对于绝大多数企业而言,这无疑是一场制造业革命。"中国制造 2025"战略是当今制造业发展的主旋律,指导着制造业逐步向自动化制造(图 6-5)、智能化制造(图 6-6)方向发展,这也是实现中国梦的必然之路。

图 6-5 自动化制造

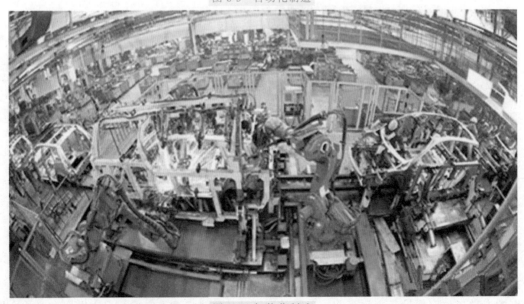

图 6-6 智能化制造

了解"工业 4.0"项目和"中国制造 2025"战略。

知识运用——实践动手

结合实例制作关于"工业 4.0"项目与"中国制造 2025"战略的 PPT，分小组进行讲解。

参 考 文 献

［1］ 黄森彬. 机械设计基础 ［M］. 北京：机械工业出版社，2003.
［2］ 吴宗泽. 机械设计 ［M］. 北京：高等教育出版社，1996.
［3］ 申永胜. 机械原理教程 ［M］. 北京：清华大学出版社，1999.
［4］ 倪森寿. 机械基础 ［M］. 北京：高等教育出版社，2000.
［5］ 柴鹏飞，李建文. 机械基础 ［M］. 北京：机械工业出版社，2010.
［6］ 王庆海，车世明. 机械基础（少学时）［M］. 北京：电子工业出版社，2010.
［7］ 李世维. 机械设计基础 ［M］. 北京：机械工业出版社，2005.